U0287475

本译著翻译出版获
中国科学院国际合作局对外合作重点项目“‘未来地球计划’中国实施框架协同设计”
全球变化研究国家重大科学研究计划项目“全球典型干旱半干旱地区年代尺度干旱的机理及其影响研究”
中国科学院战略性先导科技专项（编号：XDA 05150100）
资助

未来地球计划中国国家委员会秘书处
中国科学院兰州文献情报中心全球变化研究信息中心　组织翻译
中国科学院东亚区域气候-环境重点实验室

FUTURE EARTH INITIAL DESIGN

未来地球计划初步设计

未来地球计划过渡小组　著

曲建升　曾静静　王立伟　等译

马柱国　张志强　审校

科学出版社

北　京

图字：01-2014-8235

内 容 简 介

未来地球计划（Future Earth）是在2012年6月于巴西里约热内卢召开的联合国可持续发展大会（“里约+20”峰会）上被正式提出的国际科学计划。该计划是整合原有的国际全球环境变化研究四大计划的新的综合性全球变化与可持续发展研究计划。由未来地球计划过渡小组起草的《未来地球计划初步设计》指明了未来地球计划的初步设计，包括研究框架、管理结构、交流和参与战略、教育和能力建设战略、资助战略，以及实施设计等内容。

本译著可供国内从事全球变化与可持续发展等领域研究工作的学者和科技管理人员参阅。

图书在版编目(CIP)数据

未来地球计划初步设计 / 未来地球计划过渡小组著;曲建升等译.
—北京:科学出版社,2015. 1

书名原文:Future earth initial design

ISBN 978-7-03-043046-5

Ⅰ. ①未… Ⅱ. ①未…②曲… Ⅲ. ①可持续性发展-研究 Ⅳ. ①X22

中国版本图书馆 CIP 数据核字(2015)第012812号

责任编辑：林 剑 / 责任校对：张怡君
责任印制：徐晓晨 / 封面设计：王 浩

科学出版社出版
北京东黄城根北街16号
邮政编码：100717
http://www.sciencep.com
北京京华虎彩印刷有限公司印刷
科学出版社发行 各地新华书店经销
*
2015年1月第 一 版 开本：720×1000 1/16
2017年1月第三次印刷 印张：11 1/4
字数：160 000

定价:118.00元

（如有印装质量问题，我社负责调换）

序　一

自20世纪70年代以来，随着全球气候变暖、生物多样性锐减等全球变化问题的不断恶化，全球变化研究逐步兴起。在过去的30余年间，由国际科学理事会（ICSU）主导先后成立了世界气候研究计划（WCRP）、国际地圈—生物圈计划（IGBP）、生物多样性研究计划（DIVERSITAS）和全球环境变化人文因素计划（IHDP）4个全球变化研究组织。这些科学计划围绕地球各圈层全球变化问题，以及人类与这些变化间的相互作用等方面开展了大量研究，并建立了跨学科、跨区域、跨机构的全球性合作研究网络，大大增进了国际社会对全球变化以及气候变化问题的科学认识。

随着对全球变化问题复杂性认识的不断深入，原有研究计划逐步显现出研究对象片段化、研究方法单一化、研究成果内部化等不足，难以对作为复杂巨系统的地球系统开展更为系统、全面和深入的观测与研究，制约了全球变化研究的深入推进和持续发展。为更好地推动全球变化的集成交叉研究，从地球系统角度切入，实现对全球变化问题研究的认识突破，IGBP、IHDP、WCRP和DIVERSITAS四大计划于2001年7月在阿姆斯特丹召开了全球变化科学大会，成立了地球系统科学联盟（ESSP）。该联盟以全球变化的四大研究计划为主，集成不同学科和不同国家（地区）的科学理念与方法、研究设施和人员，重点关注地球系统的结构和功能、地球系统发生的变化，以及这些变化对全球可持续发展的影响，以提高对复杂、敏感、脆弱的地球系统的整体系统认识和全球可持续发展的能力。但作为一个缺乏有效约束力的“松散型”科学协调组织，ESSP一直存在着组织体系不健全、工作人员配备不足、缺乏足够号召力、研究工作推动乏力等先天不足，影响了组织目标的顺利实现。为此，2008年，ICSU对ESSP以及各计划组织了一次全面评估，系统梳理了存在的问题，提出了加强协调处理环境与发展问题的多条建议，并最终推动了ICSU对全球变化研究组织进行改组。

在2012年6月的“里约+20”峰会上，未来地球计划正式推出，全球环境变化研究也由此掀开了全新的一页。新的未来地球计划将全面运用自然科学和社会科学、工程学和人文科学等不同学科观点和研究方法，综合视角，多维思考，加强来自不同地域的科学家、管理者、资助者、企业、社团和媒体等利益相关方的联合攻关和协同创新，以催生深入认识行星地球动态的科学突破，以及重大环境与发展问题的解决方案。

基于过去经验和对未来挑战的重视，未来地球计划对其工作重点进行了全新设计和重新定位，原有的全球变化研究计划将停止或部分停止，一些全球性和区域性的研究工作将被移植到新的工作框架中，一系列致力于动态行星地球、环境与发展问题、可持续性转型战略与对策等的新的研究工作将依次有序启动。

在组织机制上，未来地球计划更加重视自上而下的协调组织和自下而上的参与对话，并构建了管理理事会、参与委员会、科学委员会、秘书处、区域中心、国家委员会、项目科学指导委员会等多层级管理架构，以确保其决策的科学性和良好的执行力。未来地球计划的科学蓝图已然绘就，正紧锣密鼓地在全球铺开，它所带来的新鲜活力呼之欲出，令人振奋。

中国学者一直积极致力于全球变化研究工作，除上述四大全球变化研究计划外，中国还是全球变化研究国际基金会（IGFA）、ESSP的联合研究计划和区域活动的重要参与者，在未来地球计划的设计与推进工作中，中国科学家同样作出贡献。

2014年3月，未来地球计划中国委员会（CNC-FE）在北京成立。委员会由来自自然科学、工程学和社会科学等广泛领域的四十余名专家组成。中国委员会将在未来地球计划的科学框架下，紧盯中国可持续发展和生态文明建设的关键问题，按照“协同设计、协同实施、协同推广”三个阶段逐步推进环境污染及人类健康；城镇化与社会和谐发展；全球变化及关键区响应；食品、能源供给与未来发展；生物多样性与生态系统服务；产业转型与绿色生产；变化环境下的灾害预警；东亚传统文化与可持续发展；极区可持续发展；地球系统观测及知识服务；季风区气候变异与人类活动；地球系统模式、气候经济模式与气候变化科学决策等十二项优先研究工作，相信随着相关讨论和工作的深入，中国未来地球计划的研究内容也将不断丰富并建立起专门化的科学体系。中国未来地球计划的顺利启动，离不开中国科学技术协会的高效组织领导，并得到了中国科学院、中国工程院、中国社会科学院、国家自然科学基金委员会，以及诸多专家和领导的大力支持，在此一并表示衷心感谢。

为了让国内学者更好地了解未来地球计划的科学理念和工作机制，受未来地球计划中国委员会秘书处委托，中国科学院兰州文献情报中心全球变化研究信息中心和中国科学院东亚区域气候—环境重点实验室组织精干力量，对未来地球计划发布的 *Future Earth Initial Design* 进行了翻译。该中译本的面世，有助于推动未来地球计划在我国落地生根，顺利实施。感谢所有参与翻译、校对、组织和出版工作的同志对此所做的辛勤努力。

未来地球计划中国国家委员会主席

中国科学技术协会副主席

中国科学院寒区旱区环境与工程研究所研究员

秦大河

2014 年 8 月

序　二

笔者第一次接触“未来地球计划”是2011年在罗马召开的ICSU全体大会上。当时，还没有“未来地球”这个说法，而是称为“地球系统可持续性倡议”(earth system sustainability initiative，ESSI)，很明显仍带着ESSP的印记。ESSP作为包含全球变化四大研究计划（WCRP、IGBP、IHDP、DIVERSITAS）的联盟已于2012年年底结束。

当今的科学研究正面临全球社会可持续发展的重大挑战和机遇。科学研究，应该为社会发展和人类进步提供知识和应对问题的解决方案。即使是基础性研究，也有最根本的社会需求。大型科学计划从设计阶段就应有利益相关者，即公众、媒体、政府和资助机构等的参与，而科学成果更应该是以“知识”或者“解决方案”的形式实现共享，从而服务于社会。或许是出于这样的考虑，“地球系统可持续性倡议”更名为易于为公众理解和接受的“未来地球”这一更强调全球可持续发展能力的研究计划，并在全球获得了广泛的认知度。从这个全新的名字及其确定的三个主题：动态行星、全球发展、可持续性转型，可以窥见该计划与以往不同的着眼点，即希望在“未来地球计划”框架下突出面向全球可持续性的研究，并做到“协同设计、协同实施、协同推广”，实现研究力量可合、科学可释、政府可用、公众可知。

正是由于这个全新的着眼点，笔者从2011年当选国际科联执行委员会委员以后，就一直关注未来地球计划的发展，并且在多个场合呼吁应对其高度重视。未来地球计划有两个方面值得中国科学家学习和思考：一是自然科学家、社会科学家、“利益相关者”协同设计、协同实施的人员参与方式；二是鼓励多学科融合并发展交叉学科研究方法的学科组织方式。这两个方面是中国科学界在组织大科学研究方面的短板。

2013 年 9 月，在中国科学技术协会的大力支持下，中国组织召开了“未来地球在中国”研讨会，会议邀请国际科学理事会主席 Yuan-Tse Lee（李远哲）教授、国际科学理事会候任主席 Gordon McBean 教授、国际科学理事会执行主任 Steven Wilson 博士、未来地球计划科学委员会主席 Smith Mark-Stafford 博士、国际科学理事会亚太区域办公室主任 Nordin Hasan，以及亚太地区已经开展未来地球计划的国家和地区代表、中国科学院支持的 MAIRS 计划（亚洲季风区域集成研究）主席 Michael Manton 博士等参会。会议介绍了“未来地球计划”的主题及其在世界各国和地区的推广与实施情况。科学技术部（简称科技部）、中国科学院和中国工程院的专家也介绍了中国全球变化研究、中国能源的可持续发展战略、城镇化和减灾防灾等的研究进展。与会代表一致认为，鉴于中国在可持续发展中所遇到问题的典型性和复杂性，中国应该引领未来地球计划在亚洲的实施，这使笔者充满参与未来地球计划的信心。

会议期间，中国科学院白春礼院长还接见了李远哲教授。白院长在听完李远哲教授的介绍后，认为“未来地球计划”的主题契合中国的生态文明建设目标，中国科学院应积极参与到该计划中。会后，中国科学院国际合作局启动了为期三年的“‘未来地球计划’中国实施框架协同设计”对外合作重点项目，计划通过与 ICSU、国际社会科学理事会（ISSC）及相关组织的合作，吸纳并有效利用未来地球计划的科技资源，促进中国生态文明建设的健康发展；通过“协同设计”，为未来地球计划中国委员会工作的开展提供一个战略性的框架设计和支撑，推动未来地球计划在中国的实施；同时推动更多中国科学家加入未来地球计划的各项活动，提升中国对全球可持续发展的贡献度。

为了让国内科学界、公众、政府部门、媒体等更好地了解未来地球计划，中国科学院东亚区域气候–环境重点实验室和中国科学院兰州文献情报中心全球变化研究信息中心组织人员翻译了未来地球计划过渡小组发布的“未来地球计划初步设计”报告，这是一项非常重要的工作。未来地球计划虽然一直在完善、发展中，但“协同设计”“提供知识和解决方案”等关键理念是从这份“未来地球计划初步设计”报告开始就一直坚持的，可以说这份报告明晰了未来地球计划的宗旨、内容和研究方法。所以，这份报告的翻译出版对“未来地球计划”在我国的开展有指导性的意义。未来地球计划秘书处也对中文翻译版本表示欢迎，在组织了独立审稿后授权出版。在此，感谢所有参与组织、译校和出版工作的同事们。

是为序。

国际科学理事会执行委员会委员

未来地球计划中国国家委员会副主席

吴国雄

2014 年 8 月

译者序

2012 年 6 月 20 ~22 日，在巴西里约热内卢召开的联合国可持续发展大会上，未来地球计划成立，这一全新的科学计划承载了将全球环境变化研究和可持续发展行动推向新高度的历史使命。在全球科学家和相关机构、团体与个人的参与下，未来地球计划过渡小组开展了一系列的准备工作，并发布了《未来地球计划初步设计》报告。该报告对未来地球计划的任务使命、组织结构和工作机制等进行了详细介绍。

中国一直是国际全球环境变化研究的积极倡导者和参与者。2014 年 3 月 21 日，在中国科学技术协会（简称科协）的领导下，未来地球计划中国委员会（CNC-FE）在北京成立，并建立了中国委员会的组织机制，以及面向未来地球计划的 3 个研究主题，确定了中国未来地球计划的首批优先研究领域。

为了让国内学者和全球环境变化利益相关者更好地了解未来地球计划，在未来地球计划中国委员会秘书处的组织下，由中国科学院兰州文献情报中心（中国科学院资源环境科学信息中心）全球变化研究信息中心、中国科学院东亚区域气候-环境重点实验室的研究人员共同承担了《未来地球计划初步设计》中译本的翻译出版任务，经过参与人员的共同努力，终于付梓出版。

本译著的出版工作得到了中国科学技术协会国际联络部国际组织处、未来地球计划中国委员会和中国科学院相关机构的支持，以及中国科协国际组织处秦久怡先生、未来地球计划中国委员会秘书处周天军研究员等专家的帮助。中国科学技术协会副主席、未来地球计划中国委员会主席秦大河院士，国际科学理事会委员、未来地球计划中国委员会副主席吴国雄院士拨冗为本书作序。在此向所有对本书翻译和出版工作给予重要支持的机构和人员一并表示感谢。

本译著的翻译出版还要感谢中国科学院国际合作局对外合作重点项目“‘未来地球计划’中国实施框架协同设计”、全球变化研究国家重大科学研究计划项目“全球典型干旱半干旱地区年代尺度干旱的机理及其影响研究”和中国科学院战略性先导科技专项（编号：XDA 05150100）的共同资助。

译校人员信息如下：

主体部分：

翻译：曲建升、曾静静、王立伟、李明星、陈亮、古红萍、郑子彦、王勤花、董利苹、王宝、张世佳。审校：马柱国、张志强。

附录部分：

大挑战：面向全球可持续性的地球系统科学。翻译：严中伟、贾根锁、韩志伟。审校：贾根锁、古红萍。

未来地球：全球可持续性研究框架文件。翻译：林征、丹利、张仁健。审校：贾根锁、李明星、陈亮、王宝。

ISSC 发起“转向可持续发展”计划。翻译：王宝。审校：王立伟。

迈向全球可持续性地球系统研究的十年倡议。翻译：曾静静。审校：曲建升、郑子彦。

过渡小组第一次会议纪要：地球系统可持续性倡议。翻译：曾静静。审校：曲建升、郑子彦。

过渡小组第二次会议纪要：未来地球计划。翻译：曾静静。审校：曲建升、陈亮。

另外，曲建升、曾静静、王立伟、李明星、陈亮、古红萍等对全书进行了统稿，马柱国、张志强对全书进行了终审校。

由于时间紧张和译校人员水平所限，不足之外在所难免，敬请读者批评指正。

本书译校工作组

2014 年 8 月 16 日

前 言

向未来地球计划的过渡长期以来都是一个复杂、艰巨而鼓舞人心的任务，这项任务将在过去几十年已经取得的重要认识的基础上，通过吸引国际科学团体广泛参与研究与合作，来把握地球及其居住者未来所面临的紧迫性、严重性和广泛性问题。在2012年巴西里约热内卢召开的联合国可持续发展大会（“里约+20”峰会）上，未来地球计划被列为科学与研究团体对世界作出的承诺之一。

笔者要衷心地感谢为这个报告和过渡小组的工作作出了贡献的个人和组织。最需要感谢的是ICSU和贝尔蒙特论坛（Belmont Forum）的工作人员，他们组织了与本书相关的会谈、电话会议并且帮助起草了这份报告，尤其是本书的科学官员Roberta Quadrelli，还有Anne Sophie Stevance、Vivien Lee、RohiniRao、Peter Bates、Owen Gaffney、Leah Goldfarb、Maureen Brennan、David Allen、Carthage Smith、Maria Uhle、Andrew Wei- Chih Yang、Gisbert Glaser和Denise Young。笔者也十分感谢过渡小组的成员，他们自愿牺牲自己的时间和精力创作这份报告，并且参与了世界各地与本书相关的讨论与演讲。笔者尤其感谢工作组的领导们，Martin Visbeck、Karen O' Brien、RikLeemans、Peter Liss以及Rohan D' Souza起草了这份报告的部分内容；感谢执行组的其他成员，Joseph Alcamo、Gretchen Kalonji、Tim Killeen、JakobRhyner、Albert van Jaarsveld、Patrick Monfray和Paul Rouse，他们在过去的两年中指导了笔者的工作，感谢Roberta Balstad和Roberta Johnson分别对数据和教育部分提出的建议。过渡小组是基于协同设计这一研究议程的精神被挑选出来的，因此包含许多国家和不同学科的研究人员、资助者以及私人和公共部门的利益相关者。在过去两年的讨论中，他们彼此之间相互学习，收获很多。ICSU现任和前任的执行委员会主席，Steven Wilson和Deliang Chen奔走于世界各地，为本书相关资料的积累发挥了至关重要的作用。笔者还要特别感谢国际社会科学理事会（ISSC）的执行委员会主席Heide Hackmann，他一直作为社会科学团体的代表自始至终参与了本书的工作。

本书要特别感谢全球环境变化（GEC）计划（IGBP、IHDP、WCRP、DIVERSITAS、ESSP）及其相关项目的建设性参与和对当前领导力不可估量的贡献。如果没有 GEC 计划主任、科学委员会主席以及项目领导的积极参与，未来地球计划不会形成如此强大的全球科学参与和科学集成的潜力。GEC 计划目前的全体员工、科学委员会和项目办公室在该过程中提供了重要的深刻见解，希望这个报告能够反映他们的期望和关切。过渡小组是 ICSU 致力全球可持续发展的地球系统研究远景规划和贝尔蒙特论坛制定的未来研究优先领域战略对话的产物。除了贝尔蒙特论坛外，笔者还要感谢领导 ICSU 远景规划工作的任务小组，包括 Walt Reid（联合组长）、Anne Whyte、Heide Hackmann、Kari Raivio、John Schellnhuber、Elinor Ostrom、Khotso Mokhele、Yuan Tse Lee 和 Deliang Chen，他们为过渡小组的工作奠定了基础。

过渡小组承担的任务包括为人类社会所面临的几项最迫切挑战提供解决方案，他们需要为确定优先领域、研究主题和管理结构而付出努力。这份报告反映了达成的共识，并且对许多不同赞助者的投入作出了响应。这是在服务地球人类方面的国际协同机制实现跨越式改变的开端，也是进一步提升地球系统动力学认识的重要的新尝试，将有助于确定那些可为人类创造更好未来的积极转变，为人类的繁荣和全球可持续发展提供新的知识和解决方案。

Johan Rockström　Diana Liverman

未来地球计划过渡小组联合主席

内容提要

未来地球计划发起于2012年6月召开的“里约+20”峰会，是一个为期10年的国际研究计划，该计划将提供社会所需的关键知识来应对全球环境变化的挑战和识别全球可持续性转变的机会。

未来地球计划将回答下列几个基本问题：全球环境如何以及为什么发生变化？未来可能的变化有哪些？这些变化对人类发展和地球生命多样性的影响是什么？该计划将确定减少与全球环境变化相关的风险和脆弱性、增强恢复力的机遇，为国际社会提供向繁荣和公正的未来转型的方法。

未来地球计划将在集成自然科学和社会科学（包括经济、法律和行为研究）、工程学和人文科学等领域的不同学科研究工作的基础上，提供最高质量的科学方案。该计划将由来自全球不同地区的学者、政府、企业和民间团体协同设计和协同实施，并吸纳来自于广泛的科学团体的以解决方案为导向的、从细节到总体的思想，以及已有的国际全球环境变化项目和相关研究活动。

1. 地球系统研究逐步调整的必要性

人类活动对局地、区域以及全球尺度环境的深远影响正在改变地球系统，地球气候变化和生物多样性的减少也在威胁人类福祉和环境可持续发展。因灾难性的和不可逆转的潜在影响，人类社会向全球可持续发展的转变面临极为紧迫的挑战：一方面，对地球人类繁荣构成威胁；另一方面，也为探索有助于可持续发展的创新机遇提供激励。

2. 将社会挑战响应行动与研究活动结合起来

未来地球计划致力于解决粮食、水资源、能源、健康和人类安全等可持续发展的关键问题及它们间的关系，以及满足全球可持续发展的最重要需求。该计划将在管理、临界点、自然资本、可持续利用和生物多样性保护、生活方式、道德和价值观等领域提供和整合新的深刻见解。该计划还将探讨向低碳未来转变的积极和消极的经济影响，以及技术和社会转型的选择。新的研究领域以及建立更综合的、以解决问题为导向的新的研究方法也是未来地球计划的探索重点。

地球系统研究的前瞻性挑战，近年来主要表现在引导和支撑逐渐变化的可持续发展研究的需求上①，因此，需要更多的学科和知识领域参与，以形成协同学科和跨学科的优势。公共、私人和志愿部门，科学团体和利益相关者之间需要紧密的合作，以鼓励科学创新、提供政策需要。同时，这些合作还需要更多的资金支持。总之，这些变化将有助于实现科学和社会之间达成新的“社会契约”以加速了解社会需求中关于解决环境变化的知识（Lubchenco，1998）。

2012 年 6 月召开的可持续发展“里约+20”峰会，各国政府同意制定一系列可持续发展目标（SDGs），这些目标集成了所有国家的环境和发展目标。未来地球计划将提供实现可持续发展目标以及可持续发展所需的更广泛的综合科学知识。

未来地球计划将依托和整合现有的全球环境变化（GEC）计划，该计划将在已有的全球网络基础上显著扩大，并吸引更多新的机构和研究者参与，通过保持开放性和包容性、从更广泛的学科和国家吸引最优秀的精英加入，以确保其研究优势。

未来地球计划的研究、互补能力建设和拓展活动将由广泛的研究团体（包括自然科学和社会科学、工程学和人文科学）与政府、企业和其他利益相关者合作协同设计，以弥补环境研究、政策与实践的鸿沟。未来地球计划将面向决策者需求，在研究更加可用和可获取方面逐步改进。

3. 概念框架

未来地球计划的概念框架（图 0-1）是其研究主题和项目的概括性指导，这

---

① 如“向一个十年的全球可持续发展的地球系统研究倡议——贝尔蒙特论坛联合声明，ICSU 和 ISSC” 2011 http：//www. icsu. org/future-earth/media-centre/relevant_publications/Joint StatementMay2011. pdf；“第三届地球系统范围界定会议总结” ICSU，2011. http：//www. icsu. org/news-centre/news/pdf/Visioning_ThirdMeeting_Summary. pdf.

一框架体现了以下两点认识：人类是地球系统动力学及其相互作用的整体性部分——这一认识对全球可持续发展具有重要意义；社会-环境相互作用跨越了不同的时空维度。

未来地球计划的概念框架阐明了自然和人类驱动的变化和环境变化的结果与这些变化对人类的影响之间的基本联系。这些联系发生在广阔的时空尺度，并受地球系统所能提供的条件的约束。同时该框架强调了在地球系统的边界内认识和探索人类发展道路的挑战。对该框架基本的、整体的认识是制定全球可持续发展解决方案和转型方式的基础。

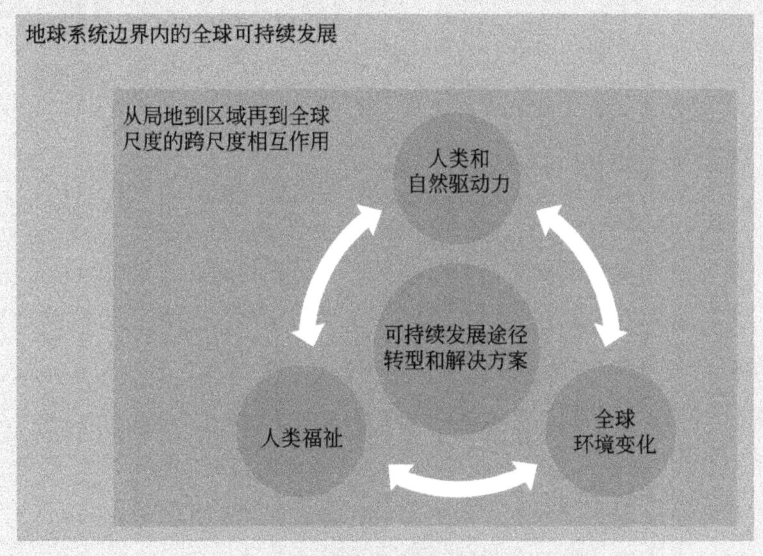

图 0-1　未来地球计划概念框架示意图

4. 初步的研究主题

未来地球计划的概念框架可指导面向解决关键研究挑战的未来地球研究，表现为三位一体的综合研究主题：

（1）动态行星——了解自然现象和人类活动对行星地球的影响。重点观测、解释、了解和预测地球、环境和社会系统趋势、驱动力和过程及其相互作用，以及预测全球阈值和风险。根据已有知识，特别关注不同范围的社会和环境变化的相互作用。

（2）全球发展——人类对可持续、安全、公正地管理食物、水、能源、材料、生物多样性和其他生态系统功能和服务的迫切需要的知识。未来地球计划研究主题的重点将集中在认识全球环境变化与人类福祉和发展之间的联系。

（3）可持续性转型——了解转型过程与选择，评估这些转变如何与人的观念和行为、新兴技术以及社会经济发展路径联系起来，并评估跨部门和跨尺度的全球环境治理与管理战略。该研究主题重点解决导向型的科学问题，以从根本上实现社会转型，迈向可持续的未来。该主题还将探索哪些制度、经济、社会、技术和行为的改变能使全球可持续发展更加有效，以及这些改变如何能得到最好的实施。

以上三个研究主题将会是未来地球研究的优先内容。

5. 跨领域能力

未来地球计划将通过获取多个核心能力方面的进展，来推进所提出的综合研究主题，这些能力包括观测系统、地球系统建模、理论发展、数据管理系统和研究基础设施。未来地球计划还将支持和开展广泛而综合的交流和参与活动、能力发展与教育活动，以及科学—政策界面的有效互动。这些能力对发展全球环境变化的综合科学以及为政策制定和可持续发展提供有用的知识是十分必要的。当然，其中的许多能力要求超出了未来地球计划倡议本身的范围，属于国家和国际的基础设施建设、培训计划和学科问题。为了共同的利益，未来地球计划与这些能力提供者的共同努力将是十分重要的。

6. 管理结构

未来地球计划的管理结构（图 0-2）包含协同设计和协同实施（co-design and co-produce）的概念。全球可持续性科技联盟作为资助方，负责组建未来地球计划，并推动和支持未来地球计划的发展。其成员包括 ICSU、国际社会科学理事会（ISSC）、贝尔蒙特论坛基金会、联合国教科文组织（UNESCO）、联合国环境规划署（UNEP）、联合国大学（UNU）以及作为观察员的世界气象组织（WMO）。未来地球计划由管理理事会（Governing Council）领导并由两个咨询机构——参与委员会（Engagement Committee）和科学委员会（Science Committee）支持。

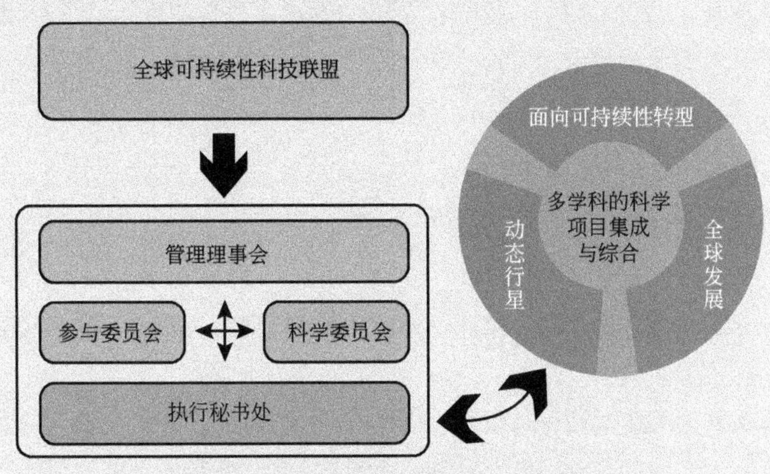

图 0-2　未来地球计划管理结构示意图

管理理事会及其附属机构将会酌情代表全部利益相关者团体（包括学术界、资助机构、政府、国际组织和科学评估机构、发展团体、工商业界、民间社团和媒体）。

管理理事会是最终决策主体，负责制订未来地球计划的战略方向和决策。科学委员会将提供科学的指导，确保科学质量并且指导新项目的开发。参与委员会将提供涉及利益相关者的领导和战略指导，在贯穿从协同设计到宣传的整个研究过程中，确保提供未来地球计划所需的社会知识。执行秘书处负责未来地球计划的日常管理，以确保跨主题、跨项目、跨区域和跨委员会的协调，并与关键利益相关者保持联络。秘书处将有望按区域分布。未来地球计划国家委员会的发展也将得到鼓励。

7. 资助战略

未来地球计划将需要创新的募资机制并且巩固已有的支持。未来地球计划的成功将依靠对必要的学科研究和基础设施的持续支持，并加强跨学科研究与协调活动的资助力度。联盟将和理事会以及未来地球计划秘书处合作，以确保增加新的资金来源。在2012年的贝尔蒙特论坛上已经发起了一个新的开放灵活机制，通过年度多边对话来支持国际合作研究行动（CRAs）。贝尔蒙特论坛和全球变化研究国际基金会（IGFA）的成员将需要主动与国家和地区层面的其他资助者建立友好关系以获得足够的支持。发展并加强捐赠者、私营部门和慈善基金会的合作将会是未来地球计划多样化资助战略的一部分。

8. 交流和参与的新模式

未来地球计划的定位是在全球可持续性方面提供独立创新研究的领导者。它将提供一个充满生机的、动态的平台以鼓励对话、加快知识交流和促进创新。未来地球计划将会在区域和全球层面制定广泛而灵活的交流策略，吸引所有相关的用户与区域伙伴共同合作，结合传统的自上而下的专家信息、更具包容性的反复对话的分享方法，以及探索自下而上的参与式方法。新的社会媒体和网络技术能够提供良好的机会和专业知识，并将其嵌入未来地球计划秘书处。

9. 教育和能力建设

未来地球计划将与教育部门现有的计划和网络进行合作，以保证研究成果及其对全球可持续性影响的快速传播，在各个层面上支持传统的（formal）科学教育。识别有效的伙伴，以及地方和国家层面的工作机制、文化和语言方面的多样性，这对确保未来地球计划在复杂领域的正统教育的成功是至关重要的。加强同已有科学与技术中心网络的合作也为非传统（informal）教育部门作出贡献提供了机会。

未来地球计划已经把能力建设作为其所有活动的基本原则，并且将采取多层次的方法进行科学能力建设，包括专门的能力建设行动和嵌入所有活动和工程中的能力建设。专门的能力建设行动将包含建设强大的、致力于国际学科间和跨学科合作研究的国际科学家网络，尤其关注年轻科学家和机构能力的发展，着重增强欠发达国家在区域合作中发挥重要作用的科学能力。

目　录 CONTENTS

第1章

概　　述

1.1　为什么是未来地球计划

人类活动正在以威胁自身健康和发展的方式改变着地球系统（Steffen et al.，2004；Steffen et al.，2011）。可以说，人类社会已经进入一个新的地质时代——人类世（Crutzen，2002；Zalasiewicz et al.，2010），许多人类活动显著影响了地球系统的总体进程，并且与自然变化一起导致了全球环境的恶化。越来越多的证据表明，朝全球可持续发展方向转变是保证未来全球繁荣的需要，而且也需要管理和发展范式的重要转变（Galaz et al.，2012；Kanie et al.，2012）。在日益联系紧密的世界中，人类的知识和独创性为应对这些变化，以及为个人、社区、企业和国家的繁荣创造新的机遇提供了创新的可能性（WBGU，2011）。

全球环境变化具有区域和局地影响，可破坏自然资源和生态系统。人类活动、地球系统的大尺度变化和局地影响之间的跨尺度相互作用对人类发展具有重大的影响，并导致人类社会面临众多的可持续性挑战。研究显示，不论是在局地还是在全球尺度上，全球可持续发展方向是人类福祉的先决条件（IPCC，2007；UNEP，2012a；MA，2005）。朝全球可持续发展方向转变的失败将有可能导致更多的全球环境变化以及随之发生的区域和局地的影响，如洪水、干旱、土地利用变化、生物多样性减少和海平面上升。这些灾难有可能限制人类的繁荣，并将造成一定的损害。然而，在当前全球一体化的世界，局地的情况和危机可能会因观念、迁徙、贸易、经济和政策稳定性的影响而跨社会和跨尺度地放大。因此，应在解决经济发展、人口结构变化、气候变化和生物多样性减少等可持续性挑战的同时，提供基于知识的解决方案，以满足食品、淡水和能源需求，确保人类不仅能够生存，而且可以繁荣发展。

可持续性和可持续发展的术语已经在国际科学和政策界广泛流通。被引用最频繁的可持续发展的定义是布伦特兰委员会在 1987 年提出的——“可持续发展是指既满足当代人的需求又不损害后代人满足其自身需求的能力”。对许多学者和实践者而言，可持续性包括三个支柱：环境（或生态）、社会和经济。也有一些人士把可持续发展看作是对自然、人权和经济正义的尊重。2012 年的联合国秘书长全球可持续性高级别小组报告写道，“可持续发展根本上是对经济、社会和自然环境等相互联系的认识、理解和行动，着眼于整体图景——如食品、淡水、土地和能源之间的关系，它确保人们今天的行为与其所希望的未来结果保持一致”（UNWECD，1987；Brown et al.，1987；United Nations Secretary-General's High-Level Panel on Global Sustainability，2012）。

应对面向全球可持续性转型的挑战，不仅在规模上是庞大的，在时间上也是紧迫的。越来越多的证据显示：气候正在变化，一些重要的环境服务正在退化，地球系统面临跨越关键翻转点的风险。这些变化将为人类社会带来潜在的灾难性和不可逆转的影响（Lenton et al.，2008；Schellnhuber，2009；Rockström et al.，2009）。还有许多关于全球环境变化、可持续性和地球系统基本功能的重要未解之题有待解决。

迄今为止的研究表明，可持续性方面几乎没有进展。例如，UNEP 近期出版的《全球环境展望 5》（UNEP，2012a）评估了不同区域、不同部门和整个世界的环境状况，得出的结论是人们并没有实现可持续性：90 个指标中只有 3 个指标表现出了明显的改善，其中发展指标表现出一些改善，但是还有大约 10 亿人仍然处于贫穷和饥饿状态，更多的人正在遭受生计、健康和福祉[1]的慢性威胁。

在"里约+20"峰会上，世界各国一致同意制定整合环境和发展指标的可持续发展目标作为未来的方向，大会还讨论了环境管理和公平发展的其他选择和机遇，并呼吁科学要为行动提供知识基础，为当代人和子孙后代建立一个可持续的、公平的和繁荣的未来。《我们期望的未来》（UN，2012）作为"里约+20"峰会的成果文件，就这一点明确声明：

"我们认识到科学界和技术界对可持续发展所作出的重要贡献，我们承诺将与学术界、科学界和技术界共同工作，并促进他们之间的合作，尤其是在发展中国家，以缩小发展中国家和发达国家之间的技术差距，加强科学和政策互动，促进可持续发展的国际研究合作。"（第48段）

在"里约+20"峰会之后和2015年后的进程中，未来地球计划将在提供科学建议和专业知识方面发挥关键作用，包括定义和监督可持续发展目标、联合国可持续发展"高级别政治论坛"、UNEP内部的科学—政策互动和持续评估流程（如政府间气候变化专门委员会，IPCC）。

国际研究团体拥有许多组织和网络，它们促进了国际科学协调与合作，以及对全球环境变化的原因及后果的理解。这些组织包括现有的全球环境变化计划（WCRP、IGBP、IHDP和DIVERSITAS）。这些计划及其大量的研究项目在认识全球环境变化方面取得了巨大的进步，并且建立了重要的研究者网络和决策者联系。

2001年，全球环境变化计划发布了《阿姆斯特丹全球变化宣言》，呼吁在全球变化科学的学科基础之上，建立一个包含环境与发展、自然与社会科学主题，跨学科、跨国界的新的全球环境科学体系[2]。基于这一共识，这四个计划联合成立了地球系统科学联盟（ESSP）。2008

① 联合国千年发展目标. http://www.un.org/millenniumgoals/reports.shtml.

② 2001全球变化阿姆斯特丹宣言. http://www.essp.org/index.php? id=41.05.

年对ESSP开展的评估工作建议ESSP应加强对政策和发展问题的研究，保持更广泛的科学关注，拥有更多的研究资源，对发展全球环境变化集成方法，以及建立统一的秘书处、促进四大计划科学工作相融合等管理措施承担起更多责任[①]。随后的单个项目评估确认了变化的必要性。ICSU和ISSC随后发起了广泛的磋商，以探索地球系统研究整体战略的选择。地球系统研究下一个十年的地球系统愿景进展报告（ICSU/ISSC，2010）确定了解决全球环境变化和可持续发展交叉的重大挑战，这些挑战包括预测未来环境变化及其后果、加强观测、预测颠覆性变化、改变行为和鼓励可持续性的创新（Reid et al.，2010）。

这一愿景的发展需要学科以及跨学科的研究，并协调建立研究者、研究资助者和用户之间的新型伙伴关系，以促进协同设计研究。同时，一个研究资助者联盟发布了《贝尔蒙特挑战》[②]，旨在传播避免和适应包括极端危险事件在内的不利环境变化行动所需的知识。他们确定了优先资助领域，包括风险、影响和脆弱性评估、先进的观测系统和环境信息服务、社会科学和自然科学的互动，以及有效的国际协调。

由全球环境变化计划组织的“压力下的行星2012”会议强调了全球环境变化领域科学和社会响应相协调的潜力和紧迫性。大会宣言呼吁建立更加综合的、国际化的以解决方案为导向的新研究方法，吸纳现有的研究计划、学科和南北问题，以及政府、民间团体、地方组织、研究资助机构和私人部门的投入[③]。这项呼吁在“里约+20”峰会宣言和联合国秘书长全球可持续性高级别工作小组报告中得到了呼应，随后提出一个加强政策和科学之间交流的全球科学重大倡议（UN，2012；United Nations Secretary-General's High-Level Panel on Global Sustainability，2012）。

---

① ICSU-IGFA地球系统科学联盟回顾2008. http：//www. icsu. org/publications/reports-and-reviews/essp-review.

② “贝尔蒙特挑战：可持续性的全球环境研究任务”. http：//igfagcr. org/images/documents/belmont_challenge_white_paper. pdf.

③ 地球现状宣言. http：//www. planetunderpressure2012. net/pdf/state_of_planet_declaration. pdf.

1.2 什么是未来地球计划

未来地球计划是对国际化、综合性、协同化和方案导向型研究倡议的响应，以应对全球环境变化和可持续发展的迫切挑战。未来地球计划被设定为一个基于地球系统科学的十年计划，将汇聚全球环境变化的研究者，以进一步发展解决关键问题的跨学科合作。未来地球计划将开展以下研究与工作：对自然和社会系统变化的深入认识；对变化动力学，尤其是人类环境的相互作用的观测、分析和模拟；风险、机遇和危险的知识提供和预警；变化应对战略的制订与评估，包括制订创新解决方案。该计划为现有国际计划、项目和倡议行动之内以及之外的科学家提供了在统一框架下共同工作的机会。

下面的问题代表了未来地球研究有望作出重大贡献的一些领域：

（1）如何为当今和未来的人口持续供应淡水、新鲜空气和食品？

（2）治理工作如何适应促进全球可持续性的需求？

（3）在全球经济增长和发展对生态系统造成空前压力的今天，人类面临着什么样的风险？跨越翻转点的风险有哪些？会对人类社会、地球系统功能和地球生命多样性产生怎样的严重影响？

（4）世界经济和产业如何转型以激励促进全球可持续性的创新过程？

（5）在快速城市化的当今世界，城市应如何设计以维持更多人的高质量生活，并拥有考虑到人类发展及其所依赖的自然资源的、可持续的全球足迹？

（6）如何成功实现向确保全人类能源获取的低碳经济的快速过渡？

（7）人类社会如何适应全球变暖的社会和生态后果？适应变化存

在哪些障碍、约束和机遇？

（8）如何维持生态和进化系统的完整性、多样性和功能，从而为地球上的生命和生态系统服务，并公平地提升人类健康和福祉？

（9）什么样的生活方式、道德和价值观有益于环境管理和人类福祉？这些方面如何支持向全球可持续性的积极过渡？

（10）全球环境变化如何影响贫穷和发展？世界如何减轻贫困、创造有助于实现全球可持续发展的有意义的生活？

地球系统研究可以在很多方面促进更好地理解这些问题，并找到解决方案。例如，观测、记载和预测地球系统组成的动力学和相互作用（包括社会因素），将提供评估地球状态、了解人类可能走向何处的风险与机遇，以及探索未来替代方案所需的知识；了解生物多样性和生态系统功能之间的关系将在维持自然所提供的服务（如健康的土壤、干净的水、清新的空气和遗传变异）方面发挥重要作用；评估新技术的潜力和风险，能够识别人类发展和环境恢复的新选择；分析不同应对方案对环境变化的有效性，识别与应对相关的较长期的社会转型响应，将有助于识别可持续发展路径。

1.3　什么是未来地球计划的新价值

未来地球计划通过强化以下工作，意在为现有研究活动增加新的价值。

研究和活动的协同设计：未来地球计划旨在缩小环境研究和当前政策与实践之间的差距。未来地球计划将邀请在自然科学和社会科学、工程学与人文科学领域工作的广泛的研究团体参与发展知识，并与应用这些知识的政府、企业和民间团体协同设计。这样的协同设计意味着将通过研究者和其他利益相关者群体之间的协商对话来明确首要的研究问题，以提高研究的实用性、透明性和卓越性。这种方法包含科学与社会之间的新的"社会契约"概念（Lubchenco，1998）。

国际和地区重点：未来地球计划优先考虑需要国际间合作才能获得成功的研究，因为这样的研究和解决方案仅在国家层面很难实施。在这种情况下，未来地球计划将包括具有国际影响的国家或局地尺度的比较研究。未来地球计划必须具有包容性，参与的研究人员来自世界各地和需要能力建设的地方，尤其是最不发达国家。未来地球计划认识到，如果区域的共同问题、挑战、项目和方案能在国家集群内部和国家集群之间，以及在拥有共同的困难、区域关注和文化视角的研究人员之间得到很好的设计和实施，那么区域研究合作将产生额外的新价值。

决策支持和增强交流：未来地球计划将促使科学研究对政府、企业和民间团体针对环境变化和可持续发展的决策和解决方案更有用和更可获取方面逐步实现改变。除了协同设计原则外，这意味着未来地球计划应该制订最佳的实践方案，以整合用户需求和研究认识，使研究可以为各方所用，并沟通风险和不确定性、开发和普及应用知识的有用工具、解决冲突、尊重和吸纳当地的知识、支持创新。

支持政府间的评估：未来地球计划也会对重要的全球和部门评估的研究需求作出响应，如政府间气候变化专门委员会（IPCC，2007）、千年生态系统评估（MA，2005），以及国际农业知识与科技发展评估（McIntyre et al.，2009）。新的生物多样性和生态系统服务政府间平台（IPBES[①]）、海洋评估方法评价（AOA[②]），以及制定可持续发展目标（SDGs）的新进展为研究人员通过未来地球计划的机制和网络作出贡献和开展合作提供了另外的重要机会。未来地球计划与定期提供关于环境与发展报告的主要国际机构（如 WMO、UNEP 和 UNESCO）结成联盟，也为确保未来地球计划对利益相关者的最新信息和高科学质量

① http：//www.ipbes.net.

② http：//www.ungaregular-process.org/index.php?option=com_content&task=view&id=11&Itemid=11.

指标的需求作出响应和信息支持提供了机遇。

“里约+20”峰会之后，未来地球计划将通过增加国家、学科和部门之间的科学合作来提升科学界对可持续发展的贡献，并为更有效的科学和政策之间的交流提供依据。

1.4 未来地球计划研究和管理工作的关键原则

未来地球计划将在该报告所制定的战略研究框架的指导下实施，其研究和管理工作将会遵循以下原则。

促进科学成就：这些关键原则的一个首要因素是未来地球计划支持最高质量科学的承诺。

将地球系统研究和全球可持续发展联系起来：未来地球计划不是包含所有的环境和发展研究，而是专注于综合的地球系统研究和全球可持续发展。

国际视野：未来地球计划关注需要国际协调开展研究的领域。

促进集成：未来地球计划将借鉴自然和社会科学，以及工程学和人文科学（如规划和法律）等领域的专业知识。

鼓励协同设计和协同实施：研究议程和计划应该进行协同设计，并在可能的情况下，实现科研成果以知识的形式向研究人员，以及政府、工商界、国际组织和民间团体等各种利益相关者传递。

自下而上驱动：在设计应对可持续性挑战的项目时，未来地球计划在工作方式上将突出来自研究团体和其他利益相关者“自下而上”观点的重要性。

提供解决方案导向型的知识：未来地球计划将提供变化和风险的预测，评估响应的有效性，为新的创新和政策提供知识基础。

兼容并蓄：在加强现有努力和提供新机遇的框架下，未来地球计划将吸纳现有的国际全球环境变化计划和项目以及相关的跨国行动和国家行动，区域参与、地域和性别平衡、能力建设和网络等也将得到关注。

积极应对和创新：未来地球计划的管理和组织结构将秉承目标导向，并为适应未来的发展留有余地，特别是在逐步改变可持续性研究的知识传递方面。

对未来地球计划自身的环境足迹保持敏感性：特别要考虑到未来地球计划实施所导致的环境影响。例如，在任何可能的情况下，与业务运行（会议出差等）相关的温室气体排放都将会被追踪并最小化。

1.4.1 建立未来地球计划协同设计的方法

未来地球计划最具创新性和挑战性的一个方面是协同设计和实现科研成果以知识的形式向利益相关者传递的想法。这需要研究人员和利益相关者在整个研究过程中的积极参与。这种协同设计也在联合国可持续发展大会的《我们期望的未来》文件中得到认同（UN，2012）。该文件明确提出提高利益相关者参与度的重要性。

将全球环境变化问题与发展和可持续性问题相集成，涉及许多复杂性和不确定性问题，必须吸收社会规范、价值观和发展远景的理解（Kates，2011）。但现实情况是，迄今为止科学总是倾向于提供主要认识，而不是答案或综合的解决方案（Funtowicz and Ravetz，1990；Klein，2004a）。协同设计是解决这个问题的一种方式，并已在科学和政策交叉领域中表现出了它的价值和实用性。协同设计和实现科研成果以知识的形式向利益相关者传递的经验已经在科学文献中详细讨论（Alcamo et al.，1996；Lemos and Morehouse，2005；Scholz et al.，2006；de la Vega-Leinert et al.，2008；Pohl，2008；Brown et al.，2010；Scholz，2011；Lang et al.，2012）。在发展研究中，参与性的方法是常见的（Chambers，2002）；在科学政策研究中，已经形成不同的对话方式（van den Hove，2007）。协同设计和协同实施研究有时候也被认为是

“跨学科”（Klein，2004a，2004b）。

在知识的协同设计和协同实施方面，研究者和其他利益相关者都将参与，但参与程度与责任有所不同（图 1-1）。

图 1-1　协同设计和协同实施科学知识的步骤和参与过程（Mauser et al.，2013）

虽然科学方法是由研究人员负责，但研究问题的确定和成果的传播是联合完成的。协同设计和协同实施正是基于对研究人员、信息和模型都是来自许多不同类型的组织，体现了大学、非政府组织（NGOs）和私营部门之间研究合作的巨大利益这一认识而提出的。其主要挑战之一是如何在所有利益相关者之间建立信任并确保持续的参与。协同设计、特别是协同实施的挑战并没有被过渡小组所低估，过渡小组认识到该计划将需要支持研究团体和利益相关者开发和共享必要的技能。过渡小组也认识到，这种工作方法重点应该放在研究人员和利益相关者团体所认为的能实现利益最大化的领域。

1.4.2　未来地球计划的主要利益相关者团体

图 1-2 显示了到目前为止已经确认的与未来地球计划有关的主要

利益相关者团体。

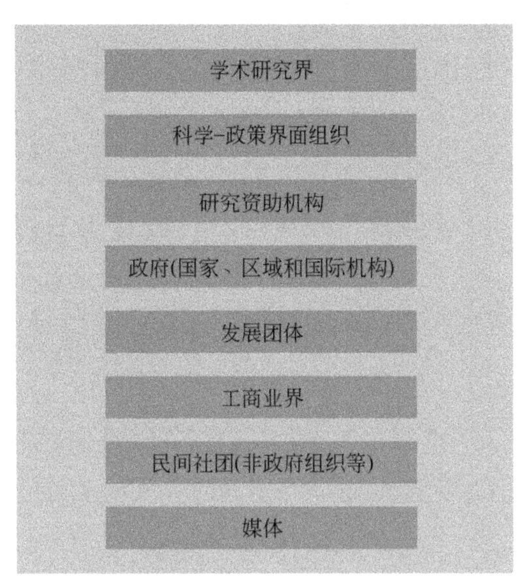

图 1-2　未来地球计划的主要利益相关者团体

对未来地球计划知识感兴趣的利益相关者团体可能是多样化的。因此，很难清晰地将它们划分为不同的组，但总体来看，利益相关者可分为八大类别。

学术研究界：这个至关重要的利益相关者团体包括科学家个体、研究机构和大学，他们将提供实现未来地球计划目标所需的科学知识，以及科学专业见解、方法和创新工作。研究人员及面向国际的研究机构应当能够对未来地球计划作出贡献并从中受益。

科学-政策界面组织：处于科学-政策界面之间的组织将评估科学证据的现状，并将其转换为政策相关的信息，包括综合评估，如臭氧评估、政府间气候变化专门委员会评估、千年生态系统评估，以及最近的生态系统服务平台等。这些机构还包括其他各种的“边界”组织和机构，如可持续发展解决方案网络，以及其他承担这一角色的主体。

研究资助机构：国家研究资助机构是创新学科和跨学科研究的重要催化剂。它们一般是相对独立的政府单元或者私人基金会。资助机构支持同行评议的研究项目和研究基础设施，它们还支持研究人员的培训和职业发展，并与研究人员合作，鼓励年轻人与更广泛的公众一起开展研究。一些跨国的研究资助机构，如最引人注目的欧洲委员会，在区域层面上发挥了类似的作用。作为研究人员、政府和其他利益相关者之间的中间人，资助机构是重要的利益相关者。

政府（国家、区域和国际机构）：政府负责管理和平衡居民、企业、环境和资源的短期和长期福祉。未来地球计划应该在跨国家和国际层面开展工作，并与区域合作伙伴合作，以满足更多的当地需求。关键的利益相关者包括联合国组织、计划和国际公约，如《联合国气候变化框架公约（UNFCCC）》和《生物多样性公约（CBD）》。

发展团体：一些发展团体（如世界银行）关注促进欠发达国家的社会经济发展，也有一些发展团体在增加最贫困人口对影响其生活的决策的话语权、提高发展成效和持续性，以及让政府和政策制定者承担责任方面发挥作用。许多组织（http：//www. devdir. org）分担多种发展工作，包括民间社团、学术研究机构、政府、基于信仰的组织、原住民运动组织、基金会和私营部门。

工商业界：该部门支持世界上大多数的研究和开发活动，是参与未来地球计划的一个关键的利益相关者群体。不同产业包括多种分级部门：第一和第二产业（如采矿业、制造业、农业和建筑业）、金融部门、卫生部门和其他服务咨询业，以及以消费者为中心的经营部门，如零售业和媒体。一些行业组织（如世界可持续发展工商理事会）涵盖了广泛的利益，并且可能在未来地球计划的全球层面上代表这些利益。

民间团体（非政府组织等）：民间团体是独立于政府和政府机构组织的团体。民间社会团体自行组织起来，以代表他们与政府或其他有影响力的行动者之间的利益。非政府组织如今接管了一些传统上属于地方或国家政府的责任。这些成就增加了行动者与未来地球计划的相关性。本书中的民间团体包括原住民社团，并意识到了这些团体所能提供的重要知识以及他们在未来地球计划中能够发挥的重要作用。

媒体：这里所指的媒体是指利用传统与电子手段搜集和传播信息的交流中介和组织，是网络和关注的中心。媒体代表了一种快速变化的景象，将在未来地球计划的生命周期内持续快速演变。它不仅是交流的出口，而且可以促进利益相关者团体开展自己的研究，并有助于在局地和全球尺度以及不同利益相关者之间传递信息。

1.5 全球可持续性科技联盟

未来地球计划是全球可持续性科技联盟的一项计划。该“联盟”是一个通过科技应用解决全球可续性需求、基于共同承诺的国际合作伙伴关系。联盟的愿景是：一个依据最可用的科学证据作出决策的可持续发展世界。联盟的使命是鼓励和促进与利益相关者一起协同设计、协同实施和协同推广（co-design，co-produce and co-deliver），以解决和寻求全球可持续性问题的解决途径。未来地球计划是该联盟的第一个倡议。联盟以非正式机构运作，包括来自研究和教育团体的利益相关者、研究资助者、运营服务提供者和使用者。其目前的成员包括：①国际科学理事会（ICSU）；②国际社会科学理事会（ISSC）；③贝尔蒙特论坛/全球变化研究资助机构国际组织（IGFA）（主要研究资助者团体）；④联合国教科文组织（UNESCO）；⑤联合国环境规划署（UNEP）；⑥联合国大学（UNU）；⑦作为观察员的世界气象组织（WMO）。

随着未来地球计划进入实施阶段，其他组织也表现出加入联盟的兴趣。

一般地说，联盟合作伙伴主要在以下方面开展合作：①促进和监督国际科学、技术与创新体系的活力；②整合支撑成功的未来地球计划所需的资源；③鼓励自然科学、社会科学（包括经济学和行为学）、工程学和人文科学在制订综合解决方案方面的合作；④在所有层面上，以公平的、可持续的决策和实践推动科学、技术和创新的利用，同时考虑环境、社会、文化和地理的多样性。

第 2 章

研究框架

本章主要介绍未来地球计划的概念框架及其系列研究主题。未来地球计划确定了一系列跨领域的能力建设任务，如观测、模拟和评估，这需要通过与其他组织建立重要的伙伴关系来实现。该框架设计得比较宽泛，以激发科学界的灵感与创新，并与其他利益相关者合作。

2.1　未来地球计划的概念框架

未来地球计划的概念框架是基于对人类是地球系统地理学和相互作用的整体性组成部分[①]，且在地球系统边界内运行这一认识进行设计的，该框架可引导其研究主题和项目的制定。从局地到全球尺度，人类活动正在影响环境变化，与此同时，人类福祉取决于自然系统的功能、多样性和稳定性。未来地球计划的总体框架聚焦社会-环境的相互作用以及它们对全球可持续发展的影响。过渡小组一致同意使用一个简单的概念框架，图 2-1 对该框架进行了描述。

---

①　地球系统包括决定行星状态与运转的人类，即环境耦合过程，它被定义为综合的生物物理（如气候系统和水循环系统）和社会经济过程（如经济全球化），以及大气圈（如碳循环和氮循环）、水圈、冰冻圈、生物圈、岩石圈和人类圈（人类事业）在空间——从局地到全球——和时间尺度上的相互作用，决定了地球在宇宙当前位置之内的环境状态。人类事业是与地球系统完全耦合的相互作用部分（Steffen et al.，2004）

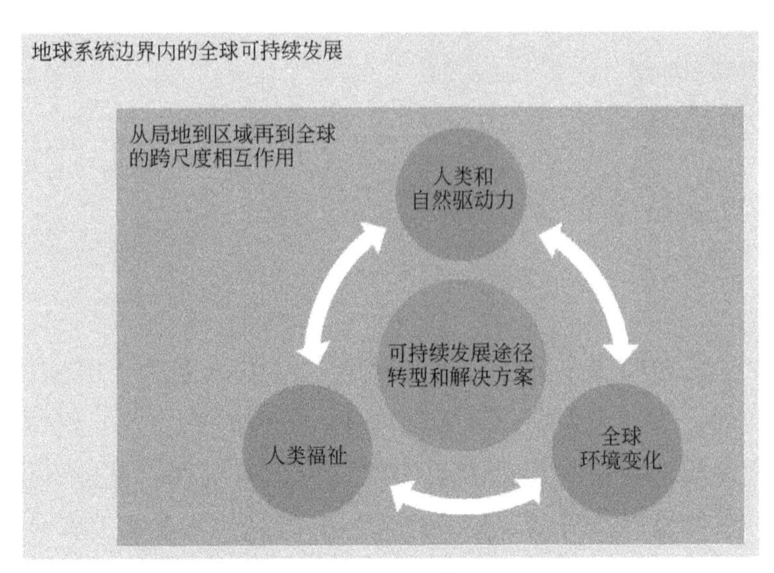

图 2-1　未来地球计划的概念框架

人类活动和发展产生了局地、区域和全球尺度的环境影响，并与变化的自然驱动力相互作用。全球环境变化（如气候变化和土地利用变化）是地球系统各组成部分之间复杂的社会–环境相互作用的结果，从局地到区域的环境影响可以产生反馈，有时会发生意想不到的后果。图 2-1 说明了变化的自然和人类驱动力之间的基本相互作用，由此产生了环境变化及其对人类福祉的影响。这些相互作用发生在一系列时空尺度上，并以地球系统所能提供的极限为边界。这一根本性的全面认识是推进转型和全球可持续发展解决方案的基础。

人类福祉取决于生态系统的许多功能与服务（包括调节、支撑、供应和文化服务）。食品、水、能源和材料的可持续供给，以及自然灾害、疾病、虫害、污染和气候的管理，都取决于地球系统各组成部分之间的功能与相互作用：生物圈（陆地和海洋生命的多样性及其丰度）、大气圈（气候系统、天气模式和臭氧层）、地圈（自然资源和物质流动）和冰冻圈（冰盖可以提供气候调节和生态栖息地）。

全球环境变化对人类和社会的影响也取决于其社会与环境的脆弱性和恢复力。因此，认识全球环境变化对社会的影响需要从局地到区域的生态系统、进化系统和社会应对全球环境的自然变化率和人为变化能力的相关知识。

人类通过减缓、适应、创新和转型等广泛的战略来应对全球环境变化。社会对观测到或者预测到的环境变化影响的响应方式取决于政治、文化、经济、技术和道德维度的复杂组合。知识在服务社会变化各方面发挥着关键作用，不论是在提供风险和机遇的认识方面，还是在面临全球环境风险时提供新的适应和转型方案方面。

人类社会的响应和发展的改变将为环境变化提供新的驱动力，这可能会减少环境变化的风险，有助于确定实现可持续发展的轨迹，但也可能带来额外的挑战。实现全球可持续发展将需要根本性的、创新性的长期转型，这将需要新的环境、经济和社会动力学以及全球变化管理的科学研究。尽管概念框架强调未来地球计划聚焦全球环境变化和全球可持续发展，但也承认各组分之间跨尺度的相互作用、相互依存和反馈关系。

图 2-1 说明了变化的自然和人类驱动力之间的基本相互作用，以及由此产生的环境变化及其对人类福祉的影响。这些相互作用发生在一系列时空尺度，并以地球系统所能提供的极限为边界。它突出了在地球系统边界内理解和探索人类发展途径的挑战。这一根本性的全面认识是推进转型路径和全球可持续发展解决方案的基础。

2.2 初步研究议程

与概念框架一致，未来地球计划将回答下列基本问题：全球环境如何以及为什么发生变化？未来可能的变化有哪些？对人类发展和地球生命多样性的影响是什么？减少风险和脆弱性、增强恢复力、实现向繁荣和公正的未来转型的机遇是什么？

过渡小组建议，未来地球计划研究围绕3个广泛、综合的研究主题组织开展：动态行星、全球发展和可持续性转型。这些主题由概念框架（表2-1）衍生而来，并响应了以下需求：①了解地球系统如何变化；②提供知识以支持人类发展的优先事项；③实现人类朝可持续发展方向的转型。

提议的研究主题基于并整合了现有的研究议程和科学计划，并纳入调查的新领域。主题和问题旨在以协同设计的模式促进讨论、协商、用户参与和研究规划。它们将通过一些现有的和新的研究项目予以解决，一些项目将不限于为一个研究主题作贡献。每个研究主题将解决一系列基于未来地球计划总体概念框架的跨领域研究的问题。

研究主题内的科学问题将由一系列执行研究议程所必需的跨领域能力进行支撑。在许多情况下，所需的跨领域能力——如观测、模拟和理论框架——将通过伙伴关系安排到未来地球计划之中。过渡小组还确定了重要的跨领域活动，以支撑未来地球计划的交流和参与活动、研究基础设施、观测系统、能力建设与教育、科学—政策互动，并对评估报告作出贡献。

表2-1　未来地球计划的研究主题

序号	建议的研究主题
1	动态行星：观测、解释、了解和预测地球、环境和社会系统趋势、驱动力和过程及其相互作用，以及预测全球阈值和风险
2	全球发展：人类对可持续、安全、公正地管理食物、水、生物多样性、能源、材料和其他生态系统功能和服务的迫切需要的知识
3	可持续性转型：了解转型过程与选择，评估这些过程如何与人的观念和行为、新兴技术，以及社会经济发展途径联系起来，并评估跨部门和跨尺度的全球环境治理与管理战略

2.2.1 研究主题

研究主题构成了未来地球计划研究最普遍的组织单元，将作为综合地球系统战略研究的宽阔平台。这些研究主题是广泛的，每一个主题都倡导一系列研究领域和学科之间的合作。

本节所提出的研究主题由过渡小组制定，并根据初期的咨询意见进行了修改。在一系列跨领域能力的支撑下，这些研究主题提出了实施未来地球计划的初步结构。组织这些优先研究领域和主题有许多选择，如围绕人类的基本发展需求（水、食物、能源和遗传多样性）或对地球系统的组成部分（气候、陆地和海洋）进行选题研究。

所提议的研究主题被设计成：①基于国际科学理事会（ICSU）/国际社会科学理事会（ISSC）愿景过程和贝尔蒙特论坛确定的议程；②为现有的全球环境变化（GEC）计划[①]提供机会，使其与未来地球计划相关联；③应对新的、迫切的研究需求，以支撑发展和确定实现可持续发展的社会、技术、经济等其他转型。尽管在描述研究主题时提到目前的一些全球环境变化项目，但是这不应该被认为是对现有的全部活动的详尽分析。过渡小组希望现有全球环境变化计划框架以内和之外的更多项目将相互联系，并服务于这些研究主题（由 IGBP、IHDP、DIVERSITAS、WCRP 和 ESSP 资助的现有全球环境变化项目清单）。

有关 3 个研究主题的描述如下。

1）主题一

动态行星：观测、解释、了解和预测地球、环境和社会系统趋势、驱动力和过程及其相互作用，以及预测全球阈值和风险。

---

① 尽管在描述研究主题时提到了具体的项目，但是它们不能提供与全球环境变化计划及其合作伙伴有关的所有全球环境变化项目的完整清单，而是举例说明目前的活动如何启发未来地球的研究议程，以及这些活动如何在未来地球内部延续和加强。附录 F 提供了更全面的全球环境变化计划与项目的清单

动态行星研究主题将提供了解已观测和预测到的地球系统趋势所需的知识，包括自然和社会组成部分、变化和极端值，以及全球和区域的相互作用。它包括旨在观测、监测、解释和模拟行星状态（包括人类社会和突然变化与可能发生不可逆转变化的潜力）的研究问题和项目。动态行星研究主题有一个特别的目标，即为行星地球的状态与趋势的报告和评估提供科学依据，为极端事件、脆弱性和阈值提供早期预警。

全球变化研究界对促进认识变化的地球将持续发挥作用——了解地球如何及为什么发生变化，并预测未来可能的情景。研究界与其他重要的合作伙伴合作，将提供观测数据、模型、分析和预测，帮助社会和决策者认识过去、现在和未来的变化，全球气候、空气质量、生态系统、流域、海洋、冰盖的相互作用，以及环境变化的自然和人为驱动力。人为驱动力包括生产和消费、土地利用、自然资源开发、人口动力学、贸易、技术和城市化，以及影响这些驱动力的价值观和政策。

哪种类型的研究问题和项目可促进动态行星的研究主题

未来地球计划过渡小组确定了以下首要的问题，以说明可以通过当前的、更新的或者新的国际合作解决潜在的优先研究问题：

哪些方法、理论和模型可以用来解释地球和社会-生态系统的功能，了解这些机理之间的相互作用，确定反馈和演化在这些系统中的作用？

关键的环境组成要素（如气候、土壤、冰冻圈、生物地球化学、生物多样性、空气质量、淡水和海洋）以及变化的人类驱动力（如人口、消费、土地与海域利用、技术）的状态与趋势是什么？它们如何与可持续发展的社会基础（包括福祉、公平、健康、教育和人类安全）的状态和动力学相联系？它们如何以及为什么在不同时间、空间和社会环境下变化？

在自然与社会驱动力，以及地球、社会和生物系统响应的最可能情景下，预计将发生什么变化？

快速或者不可逆转变化、跨越从区域到全球的阈值和行星边界、引爆翻转点以及由全球环境变化导致的社会-环境危机的风险有哪些？

关键带和诸如沿海、热带雨林、干旱区或者极地地区等生物群落的情况和未来可以被认识和预测的程度如何？

需要怎样的全球与区域综合观测系统和数据基础设施来记录、模拟耦合的地球系统以及变化的人为驱动力和影响？人们是否可以开发可靠的监测系统、模型和信息系统与服务，对大规模的快速变化进行预测并提供早期预警？

《政府间气候变化专门委员会（IPCC）评估报告》、《千年生态系统评估报告》、联合国环境规划署（UNEP）定期发布的《全球环境展望报告》（GEO）、生物多样性公约（Convention on Biological Diversity）发布的《全球生物多样性展望》（GBO）（Pereira et al.，2010）、世界银行、联合国开发计划署（UNDP）及粮食与农业组织（FAO）等机构的年度报告大量运用这些知识，还揭示了在地理与时间观测、系统过程认识方面的重要差距，以及观测和预测的确信度。这些知识也有助于建立和监测诸如千年发展目标（MDGs）和未来可持续发展目标之类的指标和目标。评估报告中的信息被广泛用于构建人们的全球环境变化意识，提供未来情景，支撑环境与发展谈判，并指导针对环境问题的行动。全球环境变化研究人员提供了极端地球物理事件的风险、环境变化的社会脆弱性、生物多样性丧失、新出现的风险（如臭氧空洞、海洋酸化或者疾病）、关键带、潜在的翻转点和阈值等方面的重要预报和预警。人类活动将引发地球关键系统发生快速或者不可逆转变化的风险，强调需要更多的研究来认识翻转点的风险，并解释、绘制、预测脆弱性。

未来地球计划将特别强调开发针对突然变化和不可逆转变化的早期预警系统的研究，从而为决策者、资源管理者和商业所用。气候变化只是这类预警系统的一个关注点，也可以预报和预警森林覆盖率、海洋环境、生物多样性和水质的快速变化。对减轻灾害风险研究界而言，未来地球计划研究主题中对脆弱性和恢复力的关注提供了一个与全球环境变化研究人员一起工作的绝佳机会——尤其是那些关注于预报极端事件和预测阈值，以及研究脆弱性与适应的研究人员[①]。历史分析也为过去的全球环境变化及其与社会系统和生态制度的相互作用提供了重要的见解（Costanza et al.，2012）。

虽然未来地球计划关注国际范围的研究，但是特殊地点和区域的共同挑战也是相关的优先事项。一些地区、人群和生态系统比其他地区、人群和生态系统更容易受到全球环境变化的影响，因为他们所处位置的变化最极端、生物多样性最大、人口较为敏感、集中或者贫穷，地球系统的组成部分或者局地生态系统更接近阈值。全球环境变化计划集中于地球系统中发挥重要作用或者特别容易受到环境变化影响的特定区域和生物群落，包括亚洲季风区，以及北极、南极、岛屿和山区生态系统，都容易受到全球变暖的影响（Hare et al.，2011；Gurung et al.，2012；Messerli，2012）——也是大气和海洋系统的重要控制因子。特别值得关注的生物群落是热带森林，它会对全球和区域的生物地球化学循环和水文循环产生重要影响，是农业、伐木、采矿和基础设施压力下生物多样性和文化多样性的汇集地（Malhi and Phillips，2004；Gardner et al.，2010）。三角洲是另一个关键带（Foufoula-Georgiou et al.，2011）。城市是研究全球环境变化动力学的另一个重要领域（Seto et al.，2010；Seto and Satterthwaite，2010；Seitzinger et al.，2012）。

① 例如，减轻灾害风险是联合国国际减灾战略（ICSU-ISSC-UNISDR）灾害风险综合研究计划（IRDR）的关注点，气候风险和脆弱性是气候变化脆弱性、影响和适应研究计划（PROVIA）的关注点，联合国环境规划署（UNEP）、联合国教科文组织（UNESCO）和世界气象组织（WMO）是其合伙人（www. unep. org/provia）

许多现有的全球环境变化计划项目汇集观测和模型，以监测和预测地球系统的主要方面将如何变化。未来地球计划希望借鉴并发展这些现有的国际项目，如地球系统的分析、集成和模拟（AIMES）、过去全球变化（PAGES）、气候变化率和可预测性（CLIVAR）、全球能源与水分交换项目（GEWEX）、平流层过程及其在气候中的作用（SPARC）、气候与冰冻圈（CliC）、全球碳计划（GCP）、生物合成（BioGENESIS）、生物发现（bioDISCOVERY）。这些项目聚焦关键领域（如海洋、气候、碳、生物多样性和陆地）或者关键地区（如沿海、山区和北极）。其他项目汇聚在一起，产出关键的评估报告，如政府间气候变化专门委员会（IPCC）、生物多样性和生态系统服务政府间平台（IPBES）。

除了测量变化外，一些正在进行的项目分析了变化的人为驱动力，包括人口、消费、工业和土地利用。然而，综合监测和模拟仍然是一个挑战，尤其是考虑到包括生物和社会进展的所有范围以及跨尺度的动力学。为了响应未来地球计划，那些使用案例研究和局部分析来认识地球和社会系统动力学的项目可以在初始阶段进行合作，运用严格的比较方法，识别常见的驱动力和反馈，确定鲜明的地域格局和问题。未来地球计划还认识到从区域倡议中涌现的研究议程的重要性，如美洲国家间全球变化研究所（Inter-American Institute for Global Change Research，IAI）、全球变化研究亚太网络（Asia-Pacific Network for Global Change Research，APN）、全球变化分析、研究和培训系统（Global Change System for Analysis Research and Training，START），这些区域倡议都设法认识和预测特定的区域关注焦点问题。例如，关键的生态系统与流域的现状和命运，季风或者厄尔尼诺-南方涛动的动力学、土壤退化、快速城市化。

对基础科学而言，如果要转向预测和知情管理，就迫切需要支持这一主题。准确地观测和模拟动态行星依赖于全球环境变化项目及其合作伙伴开展的基本的地球、生物和社会科学。例如，对遗传学和演化的认识对预测生物多样性将如何响应快速的环境变化具有重要的实际意义（Hendry et al., 2010）。全面评估区域空气质量和大气成分对于认识不同尺度的健康与气候非常重要（Monks et al., 2009），需要基于不同植被类型的生态研究的生物圈-大气圈关联模型，以了解人为气候变化的生物正反馈或者负反馈（Arneth et al., 2010）。人类对海洋环境影响的科学证据呼吁提高对海洋系统及其对地球和社会系统重要性的认识（Halpern et al., 2008）。了解地球动态学所需的基本的地理、生物和社会研究必须是未来地球计划的重要组成部分。

综上所述，动态行星研究主题汇集了全球环境变化研究人员和其他利益相关者的现有优势，持续和进行新的尝试，以了解、记录和预测地球系统及其社会生态相互作用是如何变化的，再委托研究界将这方面知识传达给所有的利益相关者。

2）主题二

全球发展：人类对可持续、安全、公正地管理食物、水、能源、材料、生物多样性和其他生态系统功能和服务的迫切需要的知识。

全球发展研究主题将提供认识全球环境变化与人类福祉和发展之间联系所需的知识。在提出这项研究主题时，未来地球计划认识到科学与社会之间存在新的"社会契约"，注重获取人类发展最紧迫问题的全球环境变化知识——为全人类提供安全、充足的食物、水、能源、健康、居住地和其他生态系统服务，而不破坏环境和地球系统稳定、导致生物多样性丧失。

与主题三相比，主题二聚焦可持续发展和满足基本需求更直接的挑战，而主题三着眼于解决全球可持续发展所需的更根本、长期的转型。有必要强调的是未来地球计划聚焦人类发展与全球和区域环境变化的交叉问题，以及环境研究有助于实现发展目标的方式。未来地球计划也认识到研究人员的独特贡献，而研究人员已经是解决局地和区域尺度发展问题，以及不同地区和国家的发展优先事项和研究需求网络的一部分。这反映在由联合国环境规划署（UNEP）和教科文组织（UNESCO）等发起未来地球计划联盟的合作伙伴的使命中。在亚洲、非洲、拉丁美洲和加勒比地区针对未来地球计划的磋商中，强调了一系列区域研究的优先问题，包括亚洲的沿海生态系统和城市问题、非洲的食品与水安全问题、拉丁美洲和加勒比地区的生物多样性和灾害风险问题。区域研讨会还强调了未来地球计划在应对多重目标、各种决策者和不同类型知识需求等方面面临的挑战。

全球环境变化影响人类福祉和社会经济发展，正如发展严重影响全球环境。"人类世"中的人类发展与土地、水、能源、材料和自然资源管理、农业、森林和海洋生态系统，以及大气和海洋紧密相连。国际社会呼吁科学促进可持续发展议程，而大多数发展机构已经认识到基础环境研究和应用环境研究的重要性。还有一个在未来地球计划概念框架中特别强调的需求，即需要将全球尺度的变化与区域可持续发展联系起来。在追求人类发展的过程中，需要认识这些复杂的社会和环境动力学之间的跨尺度相互作用，正如 IAI 区域环境变化研究、灾害风险综合研究（integrated research on disaster risk，IRDR）计划、生态系统变化与社会计划（programme on ecosystem change and society，PECS）所反映的一样，关注局地、区域和全球变化的相互作用。未来地球计划将提升那些显示全球环境变化如何联系和支撑发展、发展行动如何增加全球环境问题，以及环境变化如何涉及人类安全、性别平等、土著文化和正义等问题的研究价值。

结合全球变化和发展团体的国际经验、数据和见解，主题二特别响应社会需求；这将有助于更好地认识环境变化的人文因素，并会促进农业、水、经济与技术创新等领域问题的解决。

全球发展主题建立在全球环境变化地球系统科学联盟（ESSP）及其包括的食品、水和健康等项目，以及未来地球计划联盟的其他组织（如 UNEP、UNU、UNESCO）付出的努力之上。例如，气候变化对粮食系统的风险研究揭示了减少热带和温带农业对气候变化的脆弱性，以及削减粮食系统温室气体排放量的许多机遇（Ingram et al.，2010）。以研究为基础的管理与技术创新展示了如何通过中水回用、市场、法律权利、行为改变和社会支持系统增加全社会的水供应（Bogardi et al., 2011；WWAP, 2012）。有关环境影响以及不同能源分配效应的知识可以支撑有关提供安全、可靠能源的投资、选址和政策的决策（GEA, 2012）。研究表明，空气污染和病媒传播疾病的发病率受到气候变化、健康干预、基础设施和贫穷之间相互作用的影响，并且存在许多的干扰点（Kovats and Butler, 2012；Ramanathan and Feng, 2009）。

哪种类型的研究问题和项目可促进全球发展的主题

未来地球计划过渡小组确定了以下首要的问题，以说明可以通过当前的、更新的或者新的国际合作解决潜在的优先研究问题：

基础的地球科学、生物科学和社会科学的哪些见解和创新对可持续发展的环境基础最为重要？

公平、可持续地利用资源与土地的方式、权衡和选择有哪些，如何确保当代和未来子孙可持续地获取食物、水、清洁空气、土地、能源、遗传资源和材料？

全球环境变化的影响有哪些，包括气候变化对粮食、水、健康、人类居住地、生物多样性和生态系统？气候服务、生态系统管理和灾害风险评估如何减少这些影响和提高应对能力？

生物多样性、生态系统、人类福祉和可持续发展之间有什么联系？

社会与环境效益、效率和公平如何成为构思、测量和实施发展项目与举措的替代方法？

如何定义可持续发展目标，以便实现世界发展和全球可持续发展的双重目标？

哪些选择可为所有人提供能源并减少环境影响，这些能源选择的社会影响有哪些？

商业和工业部门如何通过生产和供应链管理促进发展、繁荣和环境管理？

全球环境变化如何影响社会的不同群体，如土著居民、妇女、儿童、自给自足的农民、商人、穷人和老人？他们的环境知识如何促进可持续发展问题的解决？

就生态系统恢复而言，哪些选择可以用于恢复可持续发展的环境基础？

极端事件给发展带来显著威胁，尤其是由于气候、土地利用和全球环境其他变化引起的风险转移。通过更好地将全球环境变化研究与减少灾害风险研究联系起来，未来地球计划可以支持减少灾害脆弱性与损失的行动，并规划更安全的定居点。气候界在预测极端事件和提供气候服务方面作出很多贡献，生态学家、社会科学家和工程师具备认识脆弱性的变化方式和减少脆弱性选择所必需的知识（Asrar et al., 2012；Schipper, 2009；Thomson et al., 2011）。

一个日益全球化的贸易制度意味着产品消耗在复杂的供应链之中，包括碳、水、基因、物种、矿产资源和垃圾等在全世界范围内的转移，其对全球环境、福祉和人类安全产生的影响可以通过政策与管理措施加以评估（Bradley et al., 2011；Canadell et al., 2010；Cordell et al., 2009）。全球商业链和价格波动也会将一个区域的气候或者灾害影响带到其他许多区域，造成新的脆弱类型（例如，紧随区域干旱或局地干旱之后，全球食品供应链中的小麦价格出现震荡），从而呼吁采取更加创新的方法来提高抵御冲击的能力（Vermeulen et al., 2012）。土地利用变化的政治驱动力和社会驱动力也存在于商品贸易和保护政策中。例如，将森林砍伐从一个区域转移到另一个区域，或者引发对生物燃料的新需求［Banse et al., 2011；Foley et al., 2011；Meyfroidt and Lambin, 2011；全球土地计划（GLP）］。生物多样性是发展的关键，因为它为全面调动生态和进化系统功能提供了基础，对人类福祉和经济至关重要，而生物多样性丧失会破坏发展［Cardinale et al., 2012；Perrings et al., 2011；淡水生物多样性（freshwaterBIODIVERSITY）和农业生物多样性（agroBIODIVERSITY）项目］。越来越多的科学证据表明，对大气圈、生物圈、土地和水资源进行管理是避免全球环境变化灾难性影响的核心。

虽然一些全球环境变化项目已开始关注粮食和水安全、生态系统服务、减灾、健康和能源问题，但是未来地球计划提供了将这些项目与全球可持续发展科学与技术联盟内的更广泛努力联系起来的机会，并为那些尚未考虑其研究工作的可持续发展影响的项目提供机会。现有项目和新项目可以合并在一起，通过气候服务、基于生态系统的适应和社会脆弱性的解决来减少灾害风险的挑战，探讨土地、生物多样性、能源和水在确保粮食安全时的相互作用与权衡，为重要的评估报告和政府间进程（如 IPBES 和 CBD）提供所需的综合知识，开发科学、可信的可持续发展指标。项目可以聚类的其他领域包括：关注特别脆弱人群在多种环境压力下的需求，严格比较、评估和系统分析发展的环境基础的方法和模型。

全球发展主题将以协同设计的原则为核心，与国际发展组织、区域和地方小组开展广泛讨论，以确保以解决方案为导向的集中的研究议程，尊重这些团队现有的知识。与发展机构和团体合作可以给未来地球计划带来收益，包括实地调研的国家网络、参与式方法、弱势群体、局地创新、项目评估等实践。

综上所述，全球发展主题汇集了全球环境变化研究人员现有的和新的合作伙伴关系，以及发展学界和其他利益相关者，以识别、解决人类发展和安全的基本需求。

3）主题三

可持续性转型：了解转型过程与选择，评估其如何与人的观念和行为、新兴技术以及社会经济发展途径联系起来，并评估跨部门和跨尺度治理全球环境的策略。

面向可持续性转型研究主题超越了评估和实施目前的全球变化应对、发现发展需求差距，以考虑更基本和创新的长期转型，迈向可持续的未来。这一方面存在巨大的知识差距，特别是如何开发、设计和实现这一转型。未来地球计划将发展了解、实施和评估这些转型的知识，可能包括政治、经济和文化价值显著转变，体制结构和个人行为变化，减缓全球环境变化及其后果的速度、规模和幅度的大规模系统变化和技术创新。在选择这一重大研究主题时，未来地球计划显示出全球环境变化研究界需要和乐意接受创新、新技术和全球治理与替代解决方案的挑战，从而带领社会和地球系统迈向更加可持续的未来。

理解人类响应和治理地球系统过程的许多反馈需要自然科学家、社会科学家、经济学家和工程师之间的密切合作。例如，预测能源政策或者生态系统管理对生物地球化学循环和生物多样性的影响，或者了解政策和国际协议如何形成持续监测温室气体排放或者物种的需求。评估不同管理和治理选择的成本或者收益是国际合作的另一个重要领域，并为私营部门的合作伙伴提供了一个重要机会。另外一个研究挑战是通过创新和消费选择，将工程、技术、商业的趋势和政策与它们对促进更加可持续的个人和机构行为的行动影响联系起来。识别不同应对策略的社会和文化影响，包括实际或预计的赢家和输家，以及其如何随时间推移而变化是一个重要的研究领域。评估合成生物学、地球工程、大规模数据分析等领域发展的新技术和方法或者新能源系统的潜力和风险是另一个重要的研究领域。

全球环境变化研究界有许多过去和正在进行的项目，已经解决了有关可持续的地球系统转型和治理的问题。例如，产业转型（IT）项目研究了技术、社会和产业之间的相互作用，因为它们与环境变化的原因和替代解决方案有关（Berkhout et al.，2009；Elzen et al.，2004）。全球环境变化的制度因素（IDGEC）试图在环境多尺度治理和地球系统治理（ESG）项目方面继续开展工作，探讨政治解决方案和新颖、更加有效的治理体系，以解决地球化学系统目前面临的问题（Young et al.，2008；Biermann et al.，2010）。全球环境变化与人类安全项目

(GECHS）研究了全球化、贫困、疾病和冲突等不同的社会过程与全球环境变化结合是如何影响人类安全的（Matthew et al., 2009）。这些项目表明如何应对全球环境变化不仅是各国政府的事情，也是地方政府和国际组织、民间社团、私营部门和个人的事情。基于这一经验，并与全球范围内的其他项目和机构工作相结合，未来地球计划将重点为解决方案贡献跨学科的见解。

主题三下的研究项目可能会审视新的经济模型、物种迁移或者气候工程的伦理影响、环境影响和技术挑战，调查协商决策、参与、经济评估和企业管理的新方法。洞察过去的转型，如生物大灭绝或者工业革命和绿色革命，以及一个成功的、良好的、道德的、可持续生活概念如何及为什么随着时间推移和跨文化的发展也成为相关的研究领域。这些活动借鉴现有和过去的研究、过去的转型和突变或者针对经济思维提出新方法的全球环境变化项目［如过去全球变化（PAGES)、地球上人类的综合历史（IHOPE)、产业转型、国际全球环境变化人文因素研究计划包容性财富］。研究创新途径，从支持全球可持续发展的制度和工程设计方案，到刺激增长战略的新思路，也将是这一主题的重点。

哪种类型的研究问题和项目可促进面向可持续性转型的主题

未来地球计划过渡小组确定了以下首要的问题，以说明可以通过当前的、更新的或者新的国际合作解决潜在的优先研究问题：

如何在不同水平、问题和地方协调治理和决策，以管理全球环境变化和促进可持续发展？人们对在不同的尺度、使用不同战略管理全球环境变化的不同参与者的成功和失败了解多少？

技术可以为全球环境变化和促进可持续发展提供可行的解决方案吗？地球工程或者合成生物学等新兴技术的机遇、风险和看法有哪些？技术和基础设施选择如何与机构和行为变化相结合，以实现低碳转型、粮食安全和水安全？

价值观、信念和世界观如何影响个人和集体行为养成更加可持续的生活方式，贸易、生产和消费模式？什么会引发和促进个人、组织与系统水平的审慎转型，产生的社会—政治风险和生态风险有哪些？

我们对地球系统的过去转型以及理念、技术和经济性了解多少，这些知识和经验教训如何指导未来选择？

面向可持续的城市未来与成功、可持续的“蓝色”社会和“绿色”经济的长期途径是什么？

物种与景观保护（包括退化与迁移的逆转和恢复的可能）对全球环境变化的影响有哪些？

地球和社会系统会如何适应环境变化，包括在22世纪升温超过4℃？

我们目前的经济体制、观念和发展实践可以提供实现全球可持续发展的必要框架吗？如果不能，可以做些什么改变经济体制、措施、目标和发展政策，实现全球可持续发展？

治理和管理地球系统可持续发展的行动对科学观测、监测、指标和分析的影响有哪些？需要怎样的科学来评价和评估政策，促进转型合法化？

如何处理和分析大规模的地球物理、生物和社会的新数据，包括地方知识和社会媒体，从而提供全球环境变化原因、性质和影响的新见解，促进问题的解决？

主题三下的未来地球计划可以调查为全球可持续发展提供解决方案的新技术（如地球工程和新能源）的有效性和风险。旨在密切联系研究人员，使其在可持续发展背景下重新思考经济体系和指标，为民主政治和方法贡献新思想，探索社会实践与人类行为之间的联系。情景研究以及使用模型探讨远期未来的研究可以为IPCC等评估报告作出重要贡献。可能未来的设想还可以使人文科学和艺术形成对全球环境变化的文化响应（Robinson，2012）。

过渡小组认为当前可持续性转型研究显得尤为迫切，另外，其与新项目的整合十分重要，并提出多个研究领域。

（1）低碳社会转型。未来地球计划可以为 IPCC 等能源和气候评估报告提供更加综合的方法，主要通过研究能源、土地和气候系统之间的相互作用，温室气体排放的政策选择和替代情景的影响，不同能源和土地利用选择方案之间的共同利益和权衡，以及气候变化减缓与适应之间的共同利益和权衡等来实现。

（2）可持续的"蓝色"社会。未来地球计划会推动认识全球变化和海洋紧迫挑战的综合研究，包括地球系统内的海洋动力学，人类对沿海和海洋生态系统的影响，全球和区域社会对海洋资源的依赖性。"蓝色"社会如何与海洋更和谐地发展，实现支持海洋可持续发展的转型？

（3）新媒体和可持续性转型。探索交流和网络的新形式，以及与计算、互联网和新媒体有关的信息量是当前信息、技术和科学研究最大转型之一。如何利用这一丰富的信息和合作的新选择来监测和寻求可持续发展的途径是研究的重点。例如，了解如何分析和共享大规模数据和信息，可以提高人们对社会的了解，另外，提供全球变化的观测结果，确定、扩大和交流解决方案对转型过程至关重要。

其他需要开展新合作的领域包括：纳入更广泛的可持续发展和财富措施的经济学新方法研究；"绿色经济"提议的研究与分析；支持减少全球环境变化风险并适应无法避免变化的城市与基础设施设计的需求研究；认识应对全球变化的地球工程解决方案研究；消费模式和生产系统研究；环境变化如何影响或者促进全球可持续发展的研究。

面向可持续性转型的研究主题需要建立研究可持续未来的广泛的利益相关者的伙伴关系，包括社区、企业、人道主义与保护团体中的成员、精神与文化领袖等，重新评价他们的生活方式及其对子孙后代的影响。

2.2.2 跨领域能力

ICSU-ISSC 愿景过程和贝尔蒙特挑战确定了应对全球环境变化重大挑战所需的核心能力，包括模拟和观测。未来地球计划过渡小组确定了推进全球环境变化科学以及将其转换成有益于决策和可持续发展的知识所需的跨领域能力。这些能力大多超越了未来地球计划倡议本身的界限，由国家和国际基础设施、培训计划和学科决定。未来地球计划与这些互惠互利能力的提供者建立合作伙伴关系将非常重要。

提议的未来地球计划研究主题关键取决于具备的能力。这些能力包括观测与数据系统、地球系统模拟和理论发展。其取决于高性能的计算设施、数据管理系统和研究基础设施，以及合理的安排以便于访问。未来地球计划可能对现有系统提出新的要求，并应就如何提高现有平台或者建立新系统贡献见解和想法。

其他重要的跨领域能力包括范围界定（scoping）[①] 研究和集成（3.3.4 节）、交流和参与（第 4 章）、能力发展和教育（第 5 章），以及政府间评估的科学—政策互动活动（第 6 章）。这对于实现未来地球计划的目标至关重要，确保未来地球计划有利于社会，并使世界各地的科学家都参与其中。本报告有专门的章节对这些内容进行更详细的阐述。

跨领域能力可以为研讨会和合作研究计划提供更多的机会，为国际全球变化研究打造新的研究团队。

1. 观测系统

未来地球计划研究需要获得持续的能力，以观察整个地球系统的

---

① 译者注：范围界定（scoping）作为一种研究工作过程，主要通过研讨会和调研等方式，了解有待解决的问题及其范畴和边界。

变化，发现未知的关系，以驱动地球系统模型的发展。这一事实表明，许多关键的全球可持续发展的科学问题和社会问题都涉及自然变化率和环境变化，以及社会经济条件和资源利用情况。观测需求的数量和多样性都在不断增长，因此需要新的观测和数据管理技术，以提供必要的时间和空间范围，并管理由此产生的数据集，从而最大限度地使用它们。未来地球计划将主要取决于国际系统，如分布式全球对地观测系统（GEOSS）、全球气候观测系统（GCOS）和全球海洋观测系统（GOOS），旨在响应这些观测需求，以及国际和国家机构的系统观测，如 FAO 对粮食、森林和农业的观测，WHO 对健康的观测。另外，必须支持国际系统在观测系统发展早期阶段的领域，如生物多样性领域。

2. 数据系统

未来地球计划将需要访问数据，并汇聚大量的环境数据、生物数据和社会数据。由于观测、调查和模拟系统变得越来越复杂，将加剧访问和汇聚大量数据的难度。未来地球计划需要有效利用国际力量。例如，国际科学理事会世界数据系统（WDS），其旨在确保容易发现和访问数据馆藏，实现跨学科、数据类型和全球数据存储［全球生物多样性信息网络（GBIF）］的无缝连接；国际科学理事会国际科技数据委员会（ICSU-CODATA）可以在科学数据管理的政策面作出重要贡献，尤其是在促进数据的开放方面。未来地球计划将鼓励尽可能实施经济合作与发展组织（OECD）通过公共资金访问研究数据的原则和准则，以促进更广泛的访问。

数据必须具备以下条件：可公开访问的描述数据特征（包括数据质量信息）的元数据；数据访问、处理和可视化的工具；促进数据和信息的全球性流动的政策。因此，有必要优先考虑同化方案的发展，以综合不同数据类型，从而面对数值模型输出的观测数据。由于未来地球计划将需要访问和汇聚大量多元化的环境数据或者社会数据，因此，数据共享政策至关重要。国际科技数据委员会可以发布这些政策，支持未来地球计划的科学研究。附录 D 提供了针对成功的未来地球计划数据管理战略的建议。

3. 地球系统模拟

未来地球计划将取决于进入先进的地球系统的状态和综合评估模型，将有助于下一代模型的开发，这些模型更好地捕获了地球系统中的人-环境相互作用、反馈和阈值动态性，可以进行更长期、详细的区域尺度的风险与变化预测，利用更多国家在计算能力和技能方面的优势。认识地球系统日渐成熟到可以实现开发有用的地球系统模型的程度［如地球系统分析、集成和模拟（AIMES）、气候变率和可预测性（CLIVAR）、平流层过程及其在气候中的作用（SPARC）、国际大气化学计划（international global atmospheric chemistry project，IGAC）］。然而，挑战依然存在：填补某些领域（如大气对流或者国际贸易）在环境、生物和社会方面的知识空白；对生物圈或者过程描述的认识仍停留在初级阶段；找到物理过程和生物过程通常快速发生的耦合系统和界面；找到地球系统组成部分耦合模型计算最有效、最灵活的方法。数学家和系统分析员在协助开发、完善和改进这些模型方面具有重要的作用。

4. 理论发展

未来地球计划将需要涉及理论辩论，从广泛的学科中探索自然系统运转的知识，以及社会、经济、政治行为和制度的基本解释。这些辩论会影响研究方法，提供见解和解决方案，鼓励或者阻止跨学科合作。本书对地球系统和社会系统的认识由自然和社会系统运转的基本理论支撑，并对社会、经济和政治行为与制度的基本解释提出不同观点。这些理论借鉴了不同学科，从物理、化学和生物学，到人类学、经济学或者心理学，而这些领域的新思想通常会对解释全球环境变化产生重要影响。例如，不同理论视角对人类响应环境变化的解释有所不同，从社会科学角度假设人类基于经济理由作出自由理性的选择，或者更多地受到话语权、文化的影响，以及强大利益的控制。在生态学中，有关基本生态系统功能的理论可以构造生物多样性如何受到全球环境变化影响的模型。尽管自然科学、社会科学和人文科学的理论发展经常涉及许多研究主题，但有关社会或者生态理论等主题的交叉研讨会会有助于主题的进一步发展，促使更广泛的研究团队参与全球环境变化研究。

第3章

组织设计

本章介绍了未来地球计划的管理结构，并对如何组织未来地球计划的研究提出建议。该计划由多方利益相关者组成的管理理事会领导，由科学委员会和参与委员会进行咨询指导，并在不同区域建立专门的秘书处。未来地球计划的研究项目由研究团体围绕3个研究主题进行开发和组织。在未来地球计划实施的过程中，随着经验的不断累积，特别是在协同设计和区域参与的情况下，所建议的研究方法可以被监测并进行调整。在某些情况下，最初提出的管理结构也可以在使用过程中进行修正。

3.1 管理结构

图0-2展示了所提议的未来地球计划的管理结构，图中所示的各部分内容在表3-1与附录C中也进行了详细描述。

表3-1 未来地球计划中不同管理机构的任务与责任

任务	管理理事会	科学委员会	参与委员会
总体任务	制定未来地球计划的总体战略并对项目、优先领域与成功标准提供指导	在科学问题方面，对管理理事会提供建议	就社会相关的优先领域和确保利益相关者全程、稳定参与的关键原则提出建议

续表

任务	管理理事会	科学委员会	参与委员会
研究议程	批准未来地球计划的研究议程	通过与参与委员会的协商及与科学团体、其他利益相关者组织的适当协商，对未来地球的研究议程提出建议； 监督研究主题的设计并建议相关的指导委员会； 对待开发的项目科学议程提供建议，确保其与未来地球计划的框架相一致	对研究议程提出反馈
参与	对宣传、募资（包括为秘书处和研究主题）、交流、教育和区域活动的发展战略进行决策； 促使关键利益相关者的参与并巩固对未来地球的高层次支持	主动与科学团体接触，并鼓励围绕未来地球计划研究兴趣的自下而上的研究思想； 针对宣传、募资、交流、教育和区域活动的发展战略提供反馈	对宣传、募资、交流等提供战略指导，确保基于利益相关者需求驱动的知识分享机制； 对利益相关者的咨询与宣传提出建议，确保自下而上的输入机制
项目、主题、活动的申请	审核新主题、新项目与其他活动的建议，如果需要，对建议进行批准	提出新的研究主题、研究项目和其他活动的建议； 组织新项目申请并对申请的项目进行评估	对相关项目的知识传播提出建议； 向利益相关者公开发起和征集未来地球计划活动建议
监测与评估：标准	对未来地球计划的监测与评估提供指导	与参与委员会一道为管理理事会确定研究主题和项目的评审过程和标准提供支持	联合科学委员会，为管理理事会确定研究主题和项目的产生过程和标准提供支持，并重点突出协同设计的实现与总体成果产出

续表

任务	管理理事会	科学委员会	参与委员会
监测与评估：实施	安排未来地球计划的周期性外部评审，解决战略与管理层面的问题；对科学委员会与参与委员会提交的研究主题和项目进行评审，如果需要，决定项目的终止	与参与委员会监督联合开展研究主题进展和现有项目贡献的监督与评估；如果需要，就终止项目提出建议	联合科学委员会，监督与评估项目主题与项目的影响，并重点突出协同设计的实现与总体成果产出
与秘书处的关系	对秘书处进行监督与评估	对秘书处提供指导	对秘书处提供指导
成员	任命科学委员会与参与委员会的成员；确保研究主题层面的正确领导	联合参与委员会，组建领导每一个研究主题的特设小组（必要时支持研究主题委员会的建立）	联合科学委员会，组建领导每一个研究主题的特设小组
预算	批准并监督秘书处与研究主题预算的实施		
其他	对未来地球计划研究的数据政策、研究主题与项目的综合与集成提出建议；确定并推荐实现交叉能力的方法		

全球可持续性科技联盟（Science and Technology Alliance for Global Sustainability）建立了未来地球计划并将推动和支持其发展。该联盟将不断扩大并吸引更多必要的组织参与其中，以确保未来地球计划的成功实施。

图0-2的左侧部分为未来地球计划的重要管理主体，右侧部分为主体结构。未来地球计划的项目包括新设项目和现有项目，以及国际与区域项目，这些项目通过与其他合作伙伴集成新知识以促进一个或多个未来地球计划主题的发展。未来地球计划的重点工作是研究工作的综合与集成，以满足利益相关者的需求。

管理理事会是未来地球计划的决策部门，负责该计划包括战略方向在内的所有方面的工作，由诸多利益相关者组成，包括科学家、决策者、发展参与者、商业与工业部门代表、民间团体以及其他利益相关者。所有成员将由全球可持续联盟组织选举和任命。

管理理事会的审议工作将由两个专门的咨询委员会协助，即科学委员会（Science Committee）与参与委员会（Engagement Committee）。管理理事会、科学委员会与参与委员会的成员组成将在性别、地域与学科等方面进行平衡。这些关键委员会的主席或联合主席将是从事全球环境变化与可持续发展研究与管理的国际领导者。

基于科学委员会与参与委员会的建议，管理理事会将发起与未来地球计划的主题、项目，以及未来地球计划认同相关的活动。同样，管理理事会将在独立评估小组、科学委员会与参与委员会的协助下，评估与监测未来地球计划的活动进展（参见3.5节），并考虑建议由其他组织承担的评估工作。

科学委员会将就计划中所涉及的科学问题对管理理事会提供指导，这将确保未来地球计划的科学工作具有较高质量。科学委员会的主要职能包括对现有项目的评审、为管理理事会遴选新的科学主题、项目（包括现有项目的延续与终止）、科学活动（如范围界定研讨会、开放科学会议、利益相关者论坛与项目集成）或者新的优先研究项目。

科学委员会成员由管理理事会任命，其候选人名单由全球可持续性联盟的学术伙伴（ISSC和ICSU）通过公开遴选程序提出。

参与委员会在与科学委员会协商的基础上，将为利益相关者提供战略指导，所参与的工作包括从协同设计到宣传的整个研究过程，以确保未来地球计划所需的社会知识和未来地球计划各组成部分协同设计过程的监督和实施。参与委员会将制定关于企业、社会公民和政府的各种研究力量的参与机制，以此确保该计划具有重要的科学价值。同时，参与委员会也将提出关于社会活动的相关建议，包括宣传、公众参与、相关区域的活动与能力建设。

参与委员会的成员经公开招募产生，由管理理事会任命。

执行秘书处将组织实施经管理理事会批准的研究计划和活动，执行未来地球计划的日常管理工作。秘书处的职责还包括鼓励跨主题、项目和区域的集成工作，协调交叉科学问题，并为每个研究主题指定科学官员。

管理理事会与全球可持续联盟伙伴将为秘书处寻求足够的资助经费，并鼓励国家或相关组织提供资助和支持。按照计划，秘书处将设立一个全球总部以及若干区域节点。在激励新研究活动的目标框架下，大部分的未来地球计划人力和财力资源将投入倡议的创新活动和项目（如协同设计的新方法、跨主题集成和利益相关者论坛）中，这也意味着执行秘书处预算的绝大部分将分配到这些活动中。

研究主题是未来地球计划研究工作的主要战略组织单元，最初由执行秘书处专门的成员进行管理，并由来自科学委员会和参与委员会的特设小组进行监督。外部专家也需要进入这些特设小组中。随着未来地球计划的演进，将需要一些新的管理机构，如研究主题或跨研究主题层面的指导委员会的加入。需要高度关注各主题的工作方法，以确保对主题集成工作投入足够精力，以及跨多个主题的研究项目得到充分支持。

研究项目服务未来地球计划的一个或多个研究主题。项目的科学指导委员会（Scientific Steering Committees，SSCs）监督未来地球计划研究主题的一个或者多个研究需求作出贡献的研究项目，在需要的情况下，也可以由项目办公室进行管理。未来地球计划将鼓励新的项目并支持现有的全球环境变化计划项目，以继续推进卓越研究，并逐步发展成为新的研究计划，为未来地球计划的研究主题作出贡献（参见3.4节）。鼓励围绕未来地球研究主题相关的共同兴趣集聚发展研究项目，一些高度重叠的现有研究项目则可以考虑合并。管理理事会和联盟合作伙伴将确保对项目办公室工作的必要资助。

除组织结构设计中强调的关键职能之外，未来地球的成功实施将依赖于各委员会和理事会开放、包容与坚定的领导以及各种不同表现形式的学术与文化背景。该报告建议未来地球计划的项目科学指导委员会的成员应该从来自全球可持续性联盟、全球环境变化计划，以及其他相关组织的广泛的专家群体中筛选，如果条件允许，也需要设立联合主席以保持长久和平衡的领导。

全球可持续性科技联盟负责管理理事会联合主席与成员的任命，科学委员会和参与委员会的成员由管理理事会任命（在管理理事会组建期间由联盟临时代行这一职责）。对于次级的工作机构，将采取职位任命的一般原则，以此确保决策的及时制定和相关专家的参与，如研究主题监督工作组成员可由科学委员会和参与委员会任命，项目的科学指导委员会成员既可以经由这些监督工作组的同意，也可以制定规则自行组织，总之这些工作都应遵循审核与沟通的透明程序。

3.2 未来地球计划的研究主题和项目

未来地球计划的研究主题主要包括3个方面。研究工作管理结构的设计可确保利益相关者参与确定新的活动，以及未来地球计划各项研究的管理和评价。

3.2.1 研究主题的领导与科学协调

未来地球计划建议科学委员会与参与委员会的特设小组从开始时

就对每个研究主题进行监督，并为研究主题层面的活动提供战略指导。这些特设小组可以包括指定的外部专家，并可获得来自特定研究主题的专门科学成员的支持。从长远来看，管理理事会将决定是否为每一个研究主题建立其他工作机构（如学术委员会）。

每个研究主题层面的战略领导能力和科学协调职能包括：

（1）监测主题的组合，确定新的研究、新的伙伴关系、集成工作、能力建设与宣传活动的需求。

（2）确保研究的质量并与研究主题保持一致。

（3）监测研究主题的区域覆盖情况和多方利益相关者的参与情况。

（4）为科学委员会和参与委员会报告研究主题、项目与活动。

3.2.2 与利益相关者的互动

未来地球计划的主要创新是与不同利益相关者群体的协同设计和协同实施。该计划在为利益相关者提供战略指导、与参与委员会及科学委员会协同设计、为管理理事会的多方利益相关者提供建议等方面发挥着重要的作用。

在研究主题层面，利益相关者的参与机制可能包括：召集利益相关者团体共同开发重要科学问题的解决方案，同时，利益相关者团体也将获得参与和修改未来地球计划研究议程以及提出研究新计划的机会。

利益相关者团体的组成可根据讨论的问题或符合条件的可参加人员进行调整。不同的利益相关者组织可以提议个人或组织参与到这些咨询团体中。为了在较短的时间内开展有效的合作，过渡小组也建议将符合条件的注册人员汇总为一个“人才池”，作为咨询团体的潜在参与者。

未来地球计划的不同利益相关者团体之间成功的、富有成效的合作是至关重要的，不同利益相关者团体代表的是一个群体而不是个人或特定人群的利益。为了发挥这种代表性，不同利益相关者团体需要具备讨论关于全球环境变化问题的能力以及代表这一群体的资格。

3.3 全球和区域尺度的链接

3.3.1 国家委员会的作用

当前的全球环境变化（GEC）计划拥有独立的国家委员会（可能是一个整体的全球变化国家委员会，或是每个计划的独立的国家委员会），其在衔接全球环境变化计划与国家研究团体及其战略规划中发挥着重要的作用。这些国家委员会也可以帮助所在国家的研究人员获得资助，并将国际性研究转化为国家用户的产品，这一点在国家政策研究方面尤为明显。不同的国家委员会在资助的额度、成员的类型（科学家、决策者和资助者）、号召能力、活动水平等方面存在很大的差异。当然，还有许多国家仍没有国家委员会，尤其是在经济最不发达的国家。

未来地球计划将邀请现有的 GEC 计划国家委员会的成员加入未来地球计划国家委员会，并在还未设立相应机构的国家鼓励发展新的国家委员会。这些国家委员会将在国家层面上支持未来地球计划的实施，全球可持续性联盟鼓励将未来地球计划的区域性工作与其他国家委员会进行整合，并纳入区域节点或网络中，如欧洲全球变化研究联盟（European Alliance of Global Change Research）就是建立在现有的国家委员会之上的区域网络。未来地球计划国家委员会的建立可能需要对一些国家委员会进行重新设计，共同构成一个有效的和可管理的网络，以实现未来地球计划在集成与转型方面的愿景。未来地球计划应通过组织咨询程序促进这种转型的实现。

执行秘书处需要作出大量的努力以融入国家委员会，通过开展必要的对话，推动国家层面的活动实现必要的改变，以及建立新的工作架构（替代性的次级区域委员会或区域委员会）。这一工作也得到全球可持续性科技联盟的鼓励。

未来地球计划提议的国家委员会有5个主要目标：

（1）鼓励本国研究人员、研究资助机构和用户参与未来地球计划及未来地球计划优先领域的设计。

（2）确保从现有的全球环境变化计划/项目的国家体系，向利用并扩展现有国家能力和跨学科集成的未来地球计划委员会的平稳过渡。

（3）发起并参与区域性活动和网络。

（4）帮助协调国家研究战略（包括资助机构）和未来地球计划的活动（如综合集成的项目和社会活动）。

（5）在国家层面上与国家研究团体、决策者、非政府组织和其他利益相关者等重点用户交流未来地球计划的研究和其他成果。

未来地球计划每年邀请国家委员会向未来地球计划秘书处和合适的区域节点就他们的活动作报告。因此，未来地球计划的国家委员会需要在其未来地球计划秘书处配以实质性的人力资源和相应工具，尤其应鼓励开发有助于合作的网络工具。

3.3.2 支持国家参与

鉴于各国情况存在的差异，未来地球计划将尽快采取行动，召集各方主要资助机构资助各国科学家协同设计向未来地球计划转型的共同战略。在各国现有的全球环境变化计划/项目和关键的科学家的直接帮助下，由IGFA/贝尔蒙特论坛成员组织各国召开未来地球计划的主要潜在资助者启动会议，这将对识别新的参与者具有重要意义，尤其是对其他的利益相关者团体。这样的启动会议不仅要确定各国如何激励未来地球计划活动，而且要明确国家对区域网络或国际未来地球计划项目和秘书处所作的贡献。此外，在区域层面也应该启动类似的会议，以吸纳那些缺少对国家委员会进行资源支持的国家的加入。

3.3.3 区域节点

尽管在一个变化的世界中，不同区域遭受着类似的环境挑战，但在全球不同地方其强度差别很大，而且区域和国家层面的制度水平和社会环境的响应能力差别也很大。应对全球变化挑战的区域性措施越来越受关注，这一点得到新的生物多样性和生态系统服务政府间平台（IPBES）的证实。IPBES 提议建立从区域关注到全球集成的研究，这在一些地方已经获得了成功。

这些区域性挑战和响应选择已经引领了区域行动计划机构和能力建设的历史性发展，如美洲国家间全球变化研究所（IAI）、全球变化研究亚太网络（APN），以及非洲、亚太地区、拉丁美洲和加勒比地区的 ICSU 区域办事处均在区域背景下开发并实施了 ICSU 的优先项目，START 网络则关注发展中国家（特别是非洲和亚洲国家）的能力建设。这些机构的工作性质完全不同，如 APN 或 IAI 是政府间的，而 START 等则是独立的非政府组织。

区域网络案例：美洲国家间全球变化研究所

美洲国家间全球变化研究所（IAI）为具有目标性和综合方法的全球环境变化问题的项目提供资金支持。其研究方式可以在项目建议中得到体现："申请项目的要求是优秀的学科科学、自然科学和社会科学的跨学科的综合体，要有国际合作、清晰的沟通战略，以及培养下一代全球变化科学家的能力建设。"IAI 认为，能力开发与扩展和科学应用是全球变化科学组成中不可或缺的一部分。每个项目建议都至少包括 4 个 IAI 成员国。IAI 的使命是促进科学不被任何一个国家单独主导（www. iai. int）。

区域节点作为未来地球计划整体科学战略的一部分，需要制定区域参与战略以界定区域层面的活动，这也是管理理事会的早期任务。区域分布式的执行秘书处将是这一战略的重要组成部分，这将需要密切协调所有区域的活动。这一战略也包括制定一个现有的区域网络目录，通过与现有网络的对话在每个地区寻求新的合作伙伴和新的发展模式。

分布式的区域秘书处可以识别并确认区域的关键利益相关者、开发的产品，以及为这些用户提供更好的服务的工作计划。同时，也应为主要的利益相关者提供机会以帮助区域网络识别未来地球计划能够解决的研究差距。这些利益相关者也应该参与未来地球计划与区域相关的交流产品的开发。区域联盟应积极协助未来地球计划向重要用户分发这些产品。

3.3.4 范围界定[①]、集成和面向政策的科学

在未来地球计划背景下，全球环境变化计划的重要产出之一是范围界定研究（scoping studies，即确定要研究的问题）和特定领域科学知识状况的集成，这些产出应持续并继续得到加强。未来地球计划活动与正式的国际政府间科学评估不同，但比后者更加灵活和快速，并在界定新兴科学问题、确定现有知识的差距上显得优势尤为突出。未来地球计划在发展全球环境变化计划范围界定研究与集成工作中的潜力是非常大的，对于科学界而言，这主要是“内部”的作用，在该过程中可以更加充分地融合其他利益相关者的观点。未来地球计划的范围界定研究和集成的协同设计与协同实施应作为不同研究主题和整体项目的重要产品。

未来地球计划具有促进科学-政策对接的作用，这超出了与决策者共同参与政府间及政府活动来分析如何改善科学与政策的对接过程。各层级的决策者积极参与和沟通的战略是必要的。决策者能够接收不

① 译者注：范围界定（scoping）作为一种研究工作过程，主要通过研讨会和调研等方式，了解待解决的问题及其范畴和边界。

同来源的科学信息，包括媒体、非政府组织和行业的信息。因此，未来地球计划的科学政策战略一定是面向这些行业和整个社会的广泛参与战略的一部分（参见3.4节）。

在面对政治和其他利益时，科学如何保持其客观性和自主性是需要特别关注的问题。在科学-政策研究中，由于对各种主张与科学建议的紧张关系存在不同的见解和方案，对话方式也因此发生改变（van den Hove，2007）。而在研究中方法是否有效在不同程度上取决于主题、对接机制、文化背景以及科学家和决策者之间的关系。在许多情况下，科学的作用被限定为提供新的知识、为不同后果提供评估和建议，在这种情况下，科学家多被视为知识经纪人而非问题倡导者（Pielke，2007）。在其他情况下，科学家可能在行动过程中得到决策者和公众的强烈拥护。因此，未来地球计划应该以政策问题而非政策指令和应用工具（如基于证据的情景设置）为目标。

作为正式参与科学-政策过程的一部分，未来地球计划将特别关注超越国家和国际层面的评估（如IPCC和IPBES，以及海洋或陆地专题评估）。未来地球计划的参与委员会和科学委员会将对未来地球计划如何参与这一过程，以及新的机遇在哪里出现等进行监测。未来地球计划建议秘书处指定工作人员参与这一过程。除了汇总经验、产生综合评估所需的跨学科知识之外，评估工作也将为未来地球计划提供重要的战略方向。

3.4 研究框架的发展机制

3.4.1 定义研究主题、优先级和项目的指导方针

新的行动建议可能来自不同方面，包括：①未来地球计划的科学

委员会和参与委员会；②利益相关者的磋商；③科学家或科学界；④区域组织（如IAI或APN）。

关于新的研究主题或优先级的要求和建议可以直接通过执行秘书处向未来地球计划管理理事会提出，并将寻求科学委员会和参与委员会的建议和指导。在管理理事会的年度会议上，科学委员会将对正在开展的研究主题进行评审，并确认和讨论可能存在的差距[①]，评审后将讨论和评估新主题与优先行动的需求和建议。如果发现合适的新主题或优先行动建议，则予以批准。在新建议实施前，应该与全球可持续性科技联盟，特别是贝尔蒙特论坛密切合作，对资助的可能性进行审查。

此外，科学委员会和参与委员会应建议管理理事会评估正在开展的主题、项目、跨领域活动和其他活动。实时的报告和独立的评估（参见3.5节）将明确指出各个项目的发展阶段（如启动、发展、巩固、集成）。随着时间的推移，未来地球计划希望通过联系利益相关者、综合自然科学和社会科学，或确保包括青年科学家或发展中国家科学家的参与等措施，实现现有的全球环境变化项目与未来地球计划的目标和主题相结合。如果全球环境变化项目的研究和组织不能按照未来地球计划的目标和标准发展，那么该项目应该停止，或者未来地球计划应终止对其的支持。

未来地球计划的任何项目和优先行动（或新的研究主题）的主要筛选和实施标准有：①创新、及时和最佳的科学，并得到同领域团体和学术机构的认同与支持；②利益相关者团体的参与，以此来界定更广泛的研究需求，阐明更为具体的研究问题；③在科学家和用户之间，实施适当的协同设计，以确保提出和建立的解决方案在实际的社会环境中获得接受；④与其他研究主题或项目相比，具有清晰的边界和新的价值。

① 全球可持续性科技联盟成员的评述可以支持差距分析，如联合国环境规划署确定的21世纪的21个议题

除了上述内容外，在未来地球计划的范围之内，那些不太适合特定和/或个别研究主题的项目和活动也应该享有发展的机会。这包括取代或横跨一个或更多研究主题的特定活动，如集成活动、研究团体中新增的短期活动（如 IGBP 的快速跟踪行动）、跨学科研究指导的开发、（区域）能力建设、开放的科学会议、与利益相关者和国际公约的交流，以及未来进一步的整合等。

未来地球计划也将与传统上没有参与研究活动的利益相关者团体相接洽。尽管未来地球计划在现有类似研究中获得了一定的研究经验，但必须善于作出判断，并从正在开展的项目中积累经验——收集和记录成功或者失败进程的具体行动是非常重要的，从跨学科科学中得到的经验教训将成为未来地球计划对全球可持续性研究的一个重要贡献。积累总结这些经验教训需要大量人力、机构和财政资源，这应该得到执行秘书处的扶持。管理理事会应建立识别、征求和支持此类活动的程序，也应为每一项活动界定明确的“日落”条款。

3.5 监测和评估进展机制

未来地球计划的监测和评估工作及其内容组成是复杂、重要的话题，但在未来地球计划的初步框架中，如何安排实现这些职能不宜进行过于详细的描述。尽管如此，一些共同点列举如下：

全球变化研究资助者将继续评估、监测其支持的工作。在可能的情况下，未来地球计划开展的评估工作应该得到国家或区域评估的协助。

管理理事会应在早期即制定衡量成功的标准，并将其贯穿到未来地球计划活动的内部审核和项目的外部审核工作中。

在未来地球计划的最初十年，对整个未来地球计划审查两次将是适当的，如在第一个五年后和第一个十年后。这些评审应由外部专家完成，并向管理理事会报告。

在科学委员会和参与委员会的指导下，未来地球计划将向管理理事会提交对研究主题、新的和现有项目的定期内部评估报告。所有的未来地球计划活动应在其开始的时候即设立“日落”条款，并在活动结束或者更早的时候，由科学委员会和参与委员会进行评审并报告管理理事会，由管理理事会决定是否关闭或革新。

对管理理事会而言，对未来地球计划执行秘书处的运作与效果进行周期性评估将是必要的。因为作为一个计划，未来地球计划的成功将依赖于执行秘书处的领导工作、职责及其产品的质量和相关性。

第4章

未来地球计划的交流和参与战略

本章提出了一些初步的想法，以便为下一阶段未来地球计划的交流发展及利益相关者的参与战略的制定给予指导。

4.1 愿　　景

未来地球计划致力于发展成为一个为应对全球环境变化挑战、支撑全球可持续性转型提供社会所需知识的国际平台。在未来地球计划研究的协同设计与产出方面，与利益相关者的对话及其参与将有利于向使用未来地球计划的人们传达更切合、更相关及更有用的见解。未来地球计划的知识如何在更为广泛的世界发展与分享，不仅对如何在更广泛的社会与环境背景下定位研究有着根本的影响，也对政策制定者、决策者以及思考全球可持续性，并自始至终应对其挑战的大众有着重要的影响。

4.2 利益相关方参与的基本原理

研究利益相关者的定义是多样的。政府间气候变化专门委员会（IPCC）将利益相关者定义为“在项目或者实体中具有合法权益的个人或团体，或者将受到特定行动或政策影响的个人或团体”（IPCC，2007）。未来地球计划认为其合理的利益相关者是对未来地球计划的工作公开表明有兴趣或可能有兴趣的团体或者个人（参见1.4.2节中的利益相关者团体名单）。

有证据表明，这不仅可以最大限度地提升研究质量，而且也可以最大限度地促进研究人员与利益相关者团体之间的相互学习与知识交流，有助于产生深远的影响。战略性的利益相关者在参与复杂的、具有高度不确定性与复杂性的跨学科研究中的成功表现尤为明显，如在环境变化方面（Blackmore，2007）。有多种理由可以解释为什么未来地球计划将从这种参与中受益，例如：

（1）在未来地球计划研究形成政策、评估或作为研究证据时，增加研究的合法性、减少利益相关者对科学的怀疑（Norgaard and Baer，2005）。

（2）帮助拓宽协调基础研究与规范研究[①]的路径，而不削弱任何一方面，同时也有利于未来地球计划将其科学工作引导至为传播其战略目标服务上。

（3）在诸多有关环境变化研究普遍的不确定性辩论中，加强与发挥关键作用的利益相关者进行对话。

（4）促进研究人员与利益相关者团体的相互学习，以获得更广泛的研究支持，同时也明确在信念、认知、环境变化响应与规划方面的劣势（Davies and Burgess，2004）。

4.3 未来地球计划利益相关者参与的3个原则

在有关利益相关者的全面的科学政策和科学技术研究文献与大量

① 译者注：规范研究（normative research），是指对问题情形进行研判的研究，解决“应该是怎样”的问题

模型中，未来地球计划可以从中选择并借鉴。这些方法都有一些共同的元素，特别是：迫切需要利益相关者对从研究过程开始到得出结论的全过程的参与；在利益相关者参与的整个过程中，寻求开放而非封闭的各方对话，是根本所在；利用适合不同情况的交流方法极为重要，包括各种不同的基于 Web 的互动方法，或者专注于知识共享和反思性学习的方法。

鉴于此，未来地球计划将支持利益相关者参与和交流战略，采用 3 项重点原则：①承诺科学性、社会与经济影响，以及独立性；②从计划运作阶段就开始协同设计，促进知识生产过程中的伙伴达成共识；③未来地球计划的伙伴要同时承诺认可未来地球计划的价值观以及与未来地球计划的资源关系。

除利益相关者参与作为研究过程本身的部分之外，未来地球计划还将支持使用全面的可获得的媒体进行更广泛的交流活动。这项工作将应用通用信息和定制信息以及两者双向交流的媒体，集中向众多观众以清楚的方式传播未来地球计划的科学成果和其他工作。

4.4 战略开发

有适合于未来地球计划的利益相关者参与的众多模型，每个模型针对不同的研究目标和结果都有相应的优点和缺点。这些都将作为未来地球计划的进展而进行评审。该战略的核心是参与委员会和科学委员会一起从战略监督方面促进未来地球计划研究实现其目标，告知设计中的阶段变化，使研究面向利益相关者关切的问题。

当前，全球环境变化团体的交流实践往往集中在内部沟通，即从科学家到科学界和科学媒体。这一直都是一个从生产者到消费者的单向信息流模型，而这种模型在受到任何影响之前都存在一个较长的、不确定的时间差。虽然许多项目在其活动中已经开发了用户参与模型，但需要朝未来地球计划的利益相关者更为互动、更具针对性的方向转化。在未来地球计划的所有活动中嵌入这种方法是必要的，这有助于确保最高质量的研究得到支持，为利益相关者提供信息，并在最有可能支撑利益相关者决策的多种途径上得到表达与传递。但是，这必须在不损害重要的、以传统方法进行的科学交流的前提下开展，这些传统的科学交流方式还需要继续保持。未来地球计划的成功判断，不仅要看科学的质量，更要通过目标陈述中传递的明显的影响来进行判断。这需要随着时间的推移对未来地球计划进行仔细审议并进行深思熟虑的分析。

虽然，在这个阶段没有遴选出单一的利益相关者参与模型，但是随着战略的发展，研究人员和其他利益相关者之间的动态关系是非常重要的，这种动态关系以多重信息流的往返为特征，并在对话及自反性环境中，促使研究人员向利益相关者学习，反之亦然。

在战略开发的准备阶段，利益相关者的第一轮访谈是在 2012 年进行的。其职责是帮助未来地球计划了解如何吸引新的利益相关者的参与，以及这些利益相关者有哪些。当前未来地球计划团体以外的利益相关者——包括资助者、企业、公民社会和科学家等——都被要求提出他们对未来地球计划概念的观点以及他们参与的可能性与性质等。从这一点上可以看出，未来地球计划的愿景是强大的，并明确了它的贡献或者独特的亮点，如：①提供一个国际平台；②提供独立的、可靠的、公正而有较高可信度的信息；③提供国际水平的专业知识。

研究还发现，未来地球计划在构建一个更广泛的利益相关者团体时面临一个重大的挑战：在全球环境变化团体核心圈以外的利益相关者对如何参与及从事未来地球计划、如何使用或者为未来地球计划的研究作出贡献没有任何概念。

未来地球计划将在下一个阶段开发一个交流和参与模型：即一个适合未来地球计划特点的、复杂的、跨领域的全球计划，这将使未来地球计划不仅能真实地响应其伙伴关系与利益相关者的需求，而且能使他们融入计划本身。这将在承诺未来地球计划的所有交流与参与活动完全开放、鼓励科学知识、数据与信息的自由获取的背景下来完成。这是具有挑战性的工作，未来地球计划将与合作伙伴共同探索前进的方向。

有使用基于网络的媒体的巨大机遇，实时报告和利用社交网络的潜力，以搜集和发布信息，并与用户直接接触。虽然未来地球计划会战略性地使用这样的资源，同时也符合当前媒体零碎化的发展趋势，但是，意识形态驱动的信息和新闻来源的崛起使观众能够根据他们的社会价值和个人偏好自主选择信息。因此，未来地球计划也注意设法接触利益相关者，这些利益相关者以特定的视角或完全避开环境变化议程的取向来进行自我选择覆盖。交流与参与战略不仅将实现多媒体和数字媒体的机会，而且也将应对它们产生的部分挑战。

对人们来讲，获得交流和利益相关者参与的权利是最重要的，这关系到从战略上进行资助与协调交流，也关系到最优秀人才的招聘以及在合适的时间与最合适的人交谈。因此，未来地球计划必须提供一个灵敏的、灵活的且可以快速调整的结构。在最佳状态下，这可以帮助研究组织定位为一个向公民社会、商业、政府和媒体提供新的、可信赖的可持续性知识的信息来源。

4.5 未来地球计划交流和参与的行动要点

未来地球计划交流和参与的新模式应该建立在现有全球环境变化计划的核心力量之上。新模式应加强现有良好的运行机制，如世界气候研究计划（WCRP）—全球气候观测系统（GCOS）—政府间气候变化专门委员会（IPCC）—联合国气候变化框架公约（UNFCCC），或生物多样性计划（DIVERSITAS）—生物多样性观测网络（GEO BON）—生物多样性和生态系统服务政府间平台（IPBES）—生物多样性公约（CBD）

的研究—监测—评估—政策链。此外，它也将从一直努力解决这些同样重要的挑战的科学领域［如研究纳米技术、转基因生物（GMOs）、核能、干细胞、基因组学和合成生物学］中吸取经验。

开发并应用一个新方法的真正困难不是学习如何使用这一新工具或手段，而是转变心态去接受一种新的交流与参与的方式。在这一方面，体现出一种新的网络思维定式的未来地球计划领导力有助于促进这种转变。这意味着未来地球计划组织的运行将把网络意识嵌入其中，并听取和培育这些网络以实现其影响。这也意味着默认的共享机制以及通过网络模式进行交流。

未来地球计划开发交流和参与战略的建议包括：①在转型过程早期，任命一个专家参与委员会，带头考虑参与和交流战略；②未来地球计划临时主任任命一个临时交流与参与主管，以便指导参与和交流战略的开发；③委员会审查现有知识的有效性和无效性，并思考如何最好地实施研究、参与和交流战略；④建立新的激励机制，以支持交流和参与文化；⑤组织一个内部交流的工作小组，为未来地球计划秘书处开发一项新的集中协调功能，随着时间的推移，秘书处将在项目之间及其与秘书处的互动中开发项目的新价值。

针对交流和参与战略的思考从一开始就应被告知，以清楚认识未来地球计划在框架结束时实现什么样的目标。未来地球计划是否成功的衡量标准应包括交流和参与，而确定这些标准，应该借助界定其愿景、目标与评价研讨会是否成功等形式。

第5章

未来地球计划的教育和能力建设战略

本章对未来地球计划的教育和能力建设战略的发展提出了初步思考。教育和能力建设是未来地球计划通过伙伴关系需要培养的核心功能。特别优先事项包括：①有效而持续的跨区域合作；②支持跨学科的文化研究和其他利益相关者群体对全球环境变化和可持续发展问题的整体性思考；③支持政策和实践对科学成果的吸收，以推动各层面向全球可持续发展的转变。

需要对可持续发展教育和能力建设的现有举措进行回顾，以制定和聚焦未来地球计划战略，特别是在建立伙伴关系方面。

5.1 教　　育

可持续发展教育需要一个涉及广泛问题的综合方法，同时需要培养相应技能的教学方法，以支持可持续发展。因此，科学教育应该被视为在更广泛背景下的可持续发展教育。

今天，科学教育发生在许多不同的场所。传统上，学生在正规教育体制下的中小学、学院和大学学习，并接受教育工作者的指导。而非正规的学习场所，如博物馆、科学中心、水族馆、公园、天文馆为所有年龄段的学习者提供更多的机会。除了这些“以场所为基础”的场馆外，目前所有年龄段的学习者也越来越多地通过质量参差不齐的网上教育计划和资源进行在线学习。其中有些资源与学习者参与其中的、正规的以场所为基础的计划连接到一起，有些则与“虚拟”学校相联系，有的用以作为正式课程的补充。在正规教育场所中，非正规教育是科学教育的一个重要补充，尤其是在小学和中学阶段。

科学教育也以非正式的方式发生。例如，“公民科学”项目，其参与者（有时是家庭或社会团体）是在正式的环境之外参与观测（监测）和筹划活动，以及科学和环境界协同设计的特别活动（如国际极地年、世界水日、国际生物多样性日、世界地球日等）。

最后，形式多样的媒体——印刷品、广播、有线电视以及电影等为教育提供了一个很好的渠道，尽管教育内容的质量可能千差万别。有些媒体提供优秀的科学教育类节目，但也有质量很差的教育性的节目，而且经常传播错误信息。在较不富裕国家，由于需要访问互联网和使用电力，基于媒体的科学教育资源的获得是不均衡的。

未来地球计划必须注重有效利用其独特的功能。它不会尝试自己设计大型的教育计划，但会寻求与既定计划和网络的合作伙伴关系，并利用当前全球环境变化的成果。在该模型中，伙伴组织是大多数教育工作的主要推动者，但它们也应该参加未来地球计划的连续协同设计过程。未来地球计划科学家是以专家、顾问及资源/数据供应商的角色参与教育活动。科学家可能更为直接地参与大学生和研究生能力建设，并与学生和青年专家在该层面建立更为密切的联系。

5.1.1 优先受众和主要设想活动

基于受众需求和未来地球计划研究人员的强大合作伙伴的可用性，下面的高效利用场所前景广阔：①小学和中学教育；②本科教育；③在线教育用户和供应商；④ 与青年人交流，特别是通过社交媒体；⑤参与访谈、纪录片、印刷媒体以及经常性的公众参与行动，如每年一度的日子（例如“地球日”）和每年的公民科学宣传活动（并非关注个别科学“年”）；⑥科学与技术中心（如“人类世”展览），特别强调社会—生态的综合观点。

5.1.2 未来地球计划秘书处的教育工作人员

秘书处教育工作的范围需要足够的人力资源和跨几个领域的教育专业知识——一级、二级、三级和非正规教育。秘书处与相关合作伙伴共同运用他们的专业知识，并在科学教育计划中安排未来地球计划的主要工作和成果。

5.2 能力发展

对于科学知识的生产和应用而言，提供高质量的科学教育是长期能力发展过程中的关键步骤。未来地球计划将特别注重下一代研究者关于全球环境变化和可持续发展以及机制能力的培养，以帮助其参与国际合作。

作为一个同时关注局部和区域风险、脆弱性以及适应能力问题的全球性倡议，未来地球计划必须涉及世界各地的科学家和团体。然而，参与的能力和条件因地而异。与相关合作组织一道解决这些分歧是未来地球计划的主要功能之一。这需要确保世界各地研究人员全身心地参与制定和实施未来地球计划的研究议程。需要发展的能力包括：知识的生产和应用能力，以及建立在相互尊重基础上的国际合作能力，是从社会—地理学的不同视角与方法获得概念的途径。需要特别强调的是欠发达地区的研究系统资源匮乏。人才外流应通过“开展问题在哪里的研究”而得到遏制，并将建立和完善具有吸引力的科研环境作为首要任务。

了解研究能力发展的需要是制订增进未来地球计划内部相关知识向社会传播的有效战略的核心。遵照联合国开发计划署（UNDP）和经济合作与发展组织（OECD）等组织的方法，《2010 年世界社会科学报告》（WSSR）分析了 3 个层面的全球科研能力：个人、机构和研究系统（UNESCO，2010）。

5.2.1 个人层面

在该层面，注重科学家个人能力发展是否具备必要的教育和专业技能来开展研究、制定研究问题、建议汇总、带领研究团队、交流研究结果、支撑公开辩论以及提出政策建议。从未来地球计划角度看，学科领域和跨学科研究方法的培训，包括相关知识的协同设计、协同实施和协同推广，将具有特别重要的意义。可以实施的举措包括针对科学家和其他利益相关者群体设立培训课程和暑期学校，开发国际博士后项目和指导项目，以增进来自不同地区资深科学家和青年科学家之间的交流。

5.2.2 机构层面

无论多么训练有素的研究人员，他们所做的工作都取决于在重要方式上是否存在对技能的需求，并在一个良好资源和丰富环境基础上对其进行合理应用。是否有一流的国家科研机构——特别是研究型大学和科学院？这样的机构是否有足够的研究职位，以建立能够支持和促进其专业发展的临界规模或科研实践社团？基础设施供给是否充分，并足以支持实地调研、助理招聘、出席会议、花时间出国以及出版发行？通过注重合作和促进区域网络，未来地球计划能够为青年科学家的发展提供优越的工作条件。就未来地球计划而言，加强管理大型国际研究联盟和多层面资助支持的能力也是十分重要的。倡议可包括国际性发展与传播且具有区域适应性的地球系统课程，在国际研究合作中支持来自欠发达国家的科学家或机构的领导权，建立或支持知识和优先共享的现有网络等。

5.2.3 研究系统层面

对该层面分析的重要意义体现在更广泛的政策框架和社会政治环境背景下研究人员的研究活动。国家战略是否反映了科学和技术发展的明确路线？是否有工商部门愿意投资研究和创新，并愿意与研究界共同应用所学知识？对科学是否有更广泛的公众支持？系统层面也包括诸如研究人员薪金和工作条件等，这通常与公务员制度联系起来。能否为研究人员继续从事研究工作提供充分的激励，而不是使其加入私营部门，从事短期咨询工作，或者寻找海外机会？未来地球计划应该支持国家/区域的研究政策，以促进未来地球计划所寻求的综合研究。应该改善的行动包括针对跨学科研究培养的学生的就业机会的发展与交流，特别是在国家和地区层面，以及审查和奖励研究的创新机制的定义。后者尤其需要在社会-生态领域更好、更一致地评估跨学科研究。

特别要注意给予资源贫乏国家的研究和教育系统支持。研究参与者之间的网络通常不发达，并且在许多情况下，如果存在，则需要依赖捐助国强有力的“节点”。在开展国际合作时，未来地球计划应该把重点放在贫困地区（“南南”合作）。虽然这种锚定区域固定结构的发展需要更长期的努力，但是应该采取短期措施，如上文提及的大学之间的区域辅导网络（如通过 START 探索）。

能力建设在某些方面显然更具优势：与留住他们相比，培养研究人员更为容易；与建立一个研究团体相比，建立一个机构更加容易；与确保政府和公众对科学技术的更广泛支持相比，促进国家研究资助者之间（如有的话）扶持政策和优先事项的讨论更为容易。可持续能力建设尽管有效，但需要对不同时间尺度上的各级层面采取行动。

因此，未来地球计划不得不采用一种多层次的方法来应对全球可持续发展研究能力建设。这意味着，首先要恪守承诺，并将能力建设作为整个未来地球计划行动的优先事项尽快实施。换句话说，就是需要考虑如何最大限度地发挥研究人员及其所在机构和科研系统的正能量，它们的嵌入对整个未来地球计划的运行极为重要：新的全球研究联盟的发展为科学交流和出版提供了国际性机遇，特别是工作组和网络的形成会更好地促进数据访问、研究及通信技术的发展。

其次，未来地球计划将促进和支持明确设计的活动，以加强能力建设，特别是在个人和制度层面。在个人层面，可能会涉及培训活动或先进机构、多方利益相关者论坛、研究奖学金计划、辅导，以及提供参与和帮助发展强大的致力于国际学科间和跨学科研究的科学家国际网络。在制度层面，功能区域节点的开发至关重要。这些节点能为发展中地区和发达地区的研究人员积极参与合作提供平台，并且有助于发展新的国际科学领导中心。

最后，未来地球计划将寻求制度层面的影响，通过承诺协同设计研究的理念，与来自政府、私营部门和民间团体的利益相关者合作的教育战略。在能力发展的这一层面，有效的交流和宣传活动，以及促进有效的科学-政策-实践的互动也同样重要。

为实现这些能力发展目标，未来地球计划将需要与合作伙伴紧密合作，以在世界不同地区调动资源和发起能力建设活动。伙伴组织应包括但不限于START、美洲国家间全球变化研究所（IAI）和全球变化研究亚太网络（APN）。未来地球计划也将受益于——并且应该努力帮助推动——全球可持续发展科学和技术联盟成员的能力建设工作。未来地球计划秘书处关于这方面工作的职能是参与伙伴组织，制定和传达持续的、协调的未来地球计划全球能力建设战略。鉴于较不富裕国家区域网络发展的重要性，秘书处的区域节点将发挥重要作用。

第6章

未来地球计划的资助战略

本章为未来地球计划发展资助战略提供了一些初步设想，同时也考虑到了临时运行阶段（2013～2014年），并从总体上估计准备计划的资金基础。若要实现目标，未来地球计划需要确保不同资金来源的支持，包括发掘目前尚未资助全球环境变化研究的组织。出于这种考虑，未来地球计划应从一开始就吸引资助团体参与，特别是贝尔蒙特论坛（贝尔蒙特论坛是一个环境研究资助者团体、全球可持续发展科学和技术联盟的创始成员，以及未来地球计划的共同发起方）。

该论坛已经为未来地球计划的设计作出贡献，并对协调未来地球计划资助战略的开发发挥了至关重要的作用，将有助于确保其向全面运行计划的平稳过渡。

6.1 全球变化研究的全球资助格局

未来地球计划需要在目前全球环境变化资助水平的基础上按比例加大资助力度，以实现国际的、科学的集成合作研究。当前许多国家所面临的经济危机给该目标的实现带来了挑战，但全球研究中相当一部分也正在转移至新兴市场国家。关注现有资助机构和来源，以不同的资助目标、宗旨、假设和进程进行运作是非常重要的——这可能会为找到更综合的、多方面的途径带来启发。

成立于1990年的一个特设的全球变化研究资助机构国际组织(IGFA)①，已在全球环境变化计划的启动和资助方面发挥了重要作用。其中有两个资助机制非常成功：①对全球环境变化秘书处的重要支持；②通过交流全球环境变化研究人员与资助者之间的最佳实践和战略重点，对国家计划内的优先事项和要求的部分对接。

此外，新的研究方向已经推广至全球研究领域，并激发许多成功的全球环境变化申请材料提交到国家"蓝天"计划。最后，机构之间的双边沟通有助于国际研究，但除了在区域层面，真正的多边沟通还比较缺乏。

1990～2000年，世界各地对全球环境变化研究的支持显著增加，达到数十亿美元/欧元。然而，在该过程中，资源碎片化也通过跨学科、国家、机构和组织而增加。在有些情况下，有相当多的综合行动涵盖了大部分全球环境变化的挑战。例如，侧重于气候变化研究以支持学科研究、新兴的国际性研究以及研究协调的美国全球变化研究计划（USGCRP)②［2013财年为12亿美元，不考虑美国国家航空航天局（NASA）的贡献］。这些类型的合作努力更多的是例外而非规则。此外，气候、工程、生物多样性以及社会科学倡议很少被集成，尽管有许多社会挑战导向性的研究计划。欧洲国家一直以美国为榜样，尽管是一些即将到期的联合计划倡议，如联合规划气候倡议③，但其全球变化研究资助仍然在欧洲委员会和27个欧盟成员国的国家拨款之间平分。同样，在其国家优先级设置过程及其相关的资助承诺之后，需要注意到新兴市场国家的贡献正在迅速增加。

作为一个需要关注的领域，有关行动者都强调当前全球环境变化研究"资助生态系统"的复杂性。目前已启动一项集中审查工作，作为一项于2013年年初完成的快速跟踪行动，可以为绘制全球环境变化

① http：//www. igfagcr. org.

② http：//www. global-change. gov.

③ http：//www. jpi-climate. eu.

相关计划和项目的现有资助流向和来源提供帮助。

未来地球计划将借助国际生物多样性计划（DIVERSITAS）、国际地圈－生物圈计划（IGBP）、国际全球环境变化人文因素计划（IHDP）、世界气候研究计划（WCRP）和地球系统科学联盟（ESSP）的成功，2014 年需要从目前的全球环境变化活动向未来地球计划明确过渡，以确保、修订和扩展资助格局。

6.2 未来地球计划研究：资助战略要素

该战略需要一套不同的融资手段，以促进和协调世界各地的全球环境变化研究。由图 6-1 可以看出，从利用“蓝天”计划资助机会（D 级）的基础科学研究，延伸到可以通过国家层面更集中的项目或应用项目（C 级）加以促进的战略研究，再到国际研究（B 级）的跨国支持和全球研究（A 级）的协调。与每个级别相关联的粗略的资助规模也包括在内。

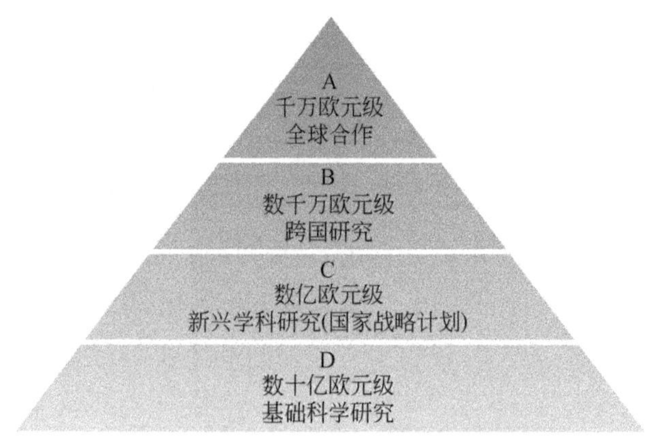

图 6-1　与全球环境变化研究相关联的多级别公共资助原理图

未来地球计划资助战略应该共同以 4 个资助级别为目标，以增加可利用资金（尤其是 A 级和 B 级），同时也应加强纵向联系：

（1）全球合作（A）：建立一个统一的地区和国际办公处的全球网络，由秘书处统一协调，旨在促进研究团体、资助者以及利益相关者之间的合作。

（2）跨国研究（B）：针对复杂的不能由单独机构或国家层面解决的研究对象，保持跨国家和跨学科的研究队伍。

（3）国家战略计划（C）：在新兴领域开发前瞻性计划和相互联盟计划，包括学科间和跨学科研究问题框架和相应的研究行动。

（4）基础科学研究（D）：创建清晰可见的旗舰计划以吸引科学家和研究活动，培养新一代的研究人员，通过激发未来地球计划相关建议来完善国家“蓝天”计划资助机制。

未来地球计划管理理事会将率先倡导资助，并通过联盟所有成员和未来地球计划秘书处支持。支持4个资助级别将需要常规方法和更新颖方法的组合，但在每种情况下按比例增加，以满足未来地球计划的需求。例如：

（1）将进行国际访问，以支持分布在全球的未来地球计划秘书处。预计会设立总部和区域节点，帮助获取管理未来地球计划所需的智力和财力资源。

（2）国际合作研究将继续由针对国际研究日程开展合作的研究人员推动，这些议程可能会影响国家和区域资助者的优先事项，但这种方法将得到推广。

（3）将开发新的国际和区域资助工具，如贝尔蒙特论坛国际机会基金。

（4）未来地球计划将接触新的资助者超越科学和环境部门（如发展、卫生、外交）、发展机构、私营部门、基金会以及慈善组织。例如，ICSU、ISSC、瑞典国际发展机构（Sida）以及瑞典环境地球系统科学秘书处（SSEESS）正在努力建立发展与环境研究资助者之间的新伙伴关系。

（5）将鼓励新的资助和研究模式，如国际极地年（IPY）采用的成功模式和广泛的研究经费来源。

6.3 贝尔蒙特论坛：全球环境变化国际研究资助综合方法新案例

为了面对这些复杂的资助挑战和促进一个更为适合的资助体系的演变，全球变化研究资助机构国际组织（IGFA）参与者理事会、贝尔蒙特论坛[①]于2009年成立。该机构与ICSU和ISSC一起聚集了来自后工业化国家和新兴经济体国家的重要机构，并制定和发布了《贝尔蒙特挑战2011》，“为减缓和适应不利的环境变化和极端灾害事件提供实施行动所需的知识[②]”。此外，贝尔蒙特论坛在2012年发起了一个新的开放和灵活的进程（即国际机会基金），通过多边访问，支持国际合作研究行动。贝尔蒙特论坛国际机会基金将有助于支持未来地球计划的实施。

尽管创立了贝尔蒙特论坛，但仍然有相当多分散的全球环境变化资助来源，如上所述。在国家层面，贝尔蒙特论坛和全球变化研究资助机构国际组织成员仅占各自国家全球环境变化研究资助的5%～20%，因此，需要一种协调方法，联合现有的国家资助范围。作为联盟的成员，贝尔蒙特论坛将帮助组织和推动这一进程。

6.4 下一步计划

无论是对全球环境变化计划和项目，还是未来地球计划秘书处，

① http：//igfagcr. org/index. php/belmont-forum.

② http：//igfagcr. org/images/documents/belmont_challenge_white_paper. pdf.

在不久的将来，贝尔蒙特论坛和IGFA成员建议利用复杂的“资助生态系统”，以确保向2013～2014年临时运行阶段的平稳资助过渡。由于国家资助来源仍然锁定在年度国家层面的预算拨款中，所以建议在2013年召开各主要国家间的“国家资助者会议”，其目的是促使组织向未来地球计划的平稳过渡，具体指导方针如下：

（1）由本地全球变化研究资助机构国际组织或者贝尔蒙特论坛资助者推进。

（2）协调组织主要全球环境变化计划和/或项目，以及国家委员会和首席研究人员。

（3）瞄准相关部门、其他研究机构和组织、基金会、发展机构和资助者，发展支持者，聚集过去/现在全球环境变化资助者或潜在的资助者，以支持全球环境变化向未来地球计划过渡。

（4）从2014年及以后，对国家“资助生态系统”进行合理、积极的调整，以保证未来地球计划平稳过渡。

超越“国家资助者会议”的形式，建议安排互补的“区域资助者会议”，为包括更广大区域内的国家提供一个平台。

第 7 章

未来地球计划的实施

未来地球计划过渡小组已经制定了《未来地球计划初步设计》，如本书前面章节所述。本章简要介绍未来地球计划的实施。

7.1 初步路线图和主要优先事项

在完成初步设计后，未来地球计划将进入一个预计持续约 18 个月的临时运行阶段。这将以联盟承担临时的多方利益相关者管理理事会的角色，任命未来地球计划常设科学委员会担任计划的科学领导，成立初期参与委员会和建立临时秘书处为标志。其目的是未来地球计划将从 2014 年中期开始全面运行，设立一个常设秘书处和其他规划的治理机构。

虽然初步设计已经完成，但应该认识到未来地球计划描述了一项非常大的事业，旨在吸引新的团体，以应对环境和可持续发展的重大挑战。全面实施需要花费时间，其目标是使计划相对较快地到位（包括目前计划的转变），未来地球计划全部目标的实现将需要更长时间。也应认识到拓宽科学社团和其他利益相关者参与可持续发展未来地球计划的必要性。2012 年在非洲、亚洲和太平洋地区、拉丁美洲和加勒比地区举行了一系列区域磋商，计划于 2013 年上半年在欧洲、北美、中东和北非进一步磋商。未来地球计划继续资助主要社团会议［如 AGU、欧洲地球科学联盟（EGU）、AAAS］，国家级大会由社团安排，并在 2012 年年底前召开所有全球环境变化项目的代表会议。基于2012年由全球环境变化计划联合资助的大型会议——“压力下的行星”的成功，反映了人们对反映未来地球计划科学广度的科学会议的强烈愿望。

虽然未来地球计划的全面实施还需要一些时间，但逐渐明晰早期参与的机会是非常重要的。除上述会议外，新的举措已开展（如ICSU/ISSC青年科学家综合科学网络会议和贝尔蒙特论坛合作研究行动）。未来地球计划科学委员会和秘书处需要确保这种趋势继续下去并不断加强。例如，考虑由国际极地年所倡导的研究模式，作为加大未来地球计划研究和参与的方式。该计划还需要确立一套与大量要求“加入”未来地球计划的倡议建立伙伴关系的机制。

未来地球计划需要吸引比可直接参与结构化的主题和项目、甚至研讨会和会议更大的科学家团体的有效机制，以便汲取全球社会广泛而多样化的专业知识。这些机制需要灵活性，可能会借助新的和新兴的基于互联网技术的优势。这些进程中的活动将是相对短期的（从几个月至两年），以自下而上推动为主。它们将有可能解决具体问题，激发创造性思维，为以前没有一起工作的人们建立新的合作网络，并希望在多种情况下涉及广泛的背景和专业知识。它们可能会促使论文的发表，或新项目、新主题的产生。这些机制的一个共同点在于它们对作出建设性贡献的任何人都是开放的，因为相关研究人员几乎不需要到场就可以参与其中。组织和实现这些机制，需要将秘书处的资源用于维护开发、促进、监测和报告与研究团体和利益相关者团体的伙伴关系。

总之，临时运行阶段的实施里程碑包括：

（1）当前：完成初步设计并被联盟采纳。

（2）短期（6个月）：遴选科学负责人（科学委员会）；遴选临时主任和秘书处；同意建立管理理事会、参与委员会和常设秘书处的流程并实施。

（3）中期（18个月）：适当的常设管理和秘书处；合并IGBP、IHDP和DIVERSITAS，项目过渡接近完成；实现跨领域能力的战略和合作伙伴关系的到位。

7.2 实施进程

目前的计划和项目结构向未来地球计划全面实施的过渡还存在许多问题。出于这种考虑，该联盟于2012年年底成立了一个实施管理项目，制定和监督过渡时期的安排。

实施管理项目是由项目委员会监督，并向联盟进行报告。该委员会由Steven Wilson（ICSU）和Jakob Rhyner（UNU）共同主持，其成员包括联盟、全球环境变化计划和项目的少数代表。目前，已经确定项目的五个核心工作包，以及连同每个任务的一组草案。

招募临时主任，在临时运行阶段负责计划的行政领导工作，并由临时秘书处支持（由一个专门团队和联盟成员与现有全球环境变化计划秘书处组成）。

临时运行阶段的一些主要任务包括：①建立未来地球计划常设秘书处；②吸引全球环境变化研究、用户和资助社团参与，进一步发展未来地球计划；③支持现有全球环境变化计划和项目并入未来地球计划；④创造早期资助机会，以支持对未来地球计划的研究，发展中长期资助基础，包括吸引新的潜在资助者，如发展捐助者、基金会和企业慈善家；⑤界定监测进展和评估成功的指标。

7.2.1 现有核心项目向未来地球计划的过渡

目前全球环境变化研究计划约有30项核心项目。核心项目将提供未来地球计划所需的基本知识。随着未来地球计划的发展，可能需要启动新的核心项目；这些可能是针对特定的研究主题，或者可能纳入几个研究主题，甚至有可能需要新的独立的核心项目。然而，其目的是未来地球计划的核心项目将尽可能紧密地集成到研究主题中。目前的全球环境变化核心项目和联合项目的初步分析表明，当前所有的项目都至少有助于未来地球计划的一个主题。应当认识到，许多项目不止有助于一个主题，这再次强调了需要跨主题的协调工作。也应该认识到，在未来地球计划优先事项的总体框架设置内，通过围绕共同利益集群，项目之间有合作的机会。

目前全球环境变化计划的所有核心项目和联合项目已受邀成为未来地球计划的一部分。项目立项和结题标准的审查程序将由未来地球计划科学委员会设立，将与全球环境变化计划目前的科学委员会及其项目负责人进行密切协商。因此，单独的全球环境变化核心项目和联合项目之间必须有良好的互动和反馈。基于科学委员会的建议和研究主题研究委员会的部分审查，由管理理事会作出维持或改变核心项目进程的决定。这将确保核心项目满足未来地球计划团体的需求。在未来地球计划的初始阶段，如果从现有全球环境变化科学或工程委员会招募部分科学委员会成员，可以确保现有全球环境变化项目有效地纳入未来地球计划，并可减少过渡问题。

7.2.2 开发新项目

有必要建立一个清晰的流程，以征求新建项目和活动的建议。对未来地球计划科学委员会来说，开发和建立这一流程是一个重要的高优先级任务，并得到秘书处的支持。尽管本书不再详细阐述，但一个可能的进程可能涉及基于 Web 的系统，以促进更公平的与全球相关性或更多区域重点有关的想法产生。该系统还应借鉴所有不同的想法，并将它们与现有的知识和正在进行的活动相联系。这有助于进一步考虑一个自下而上的创新探索，想法的产生和评价来自比通常的研究团体更广泛的支持者，以及相关利益者团体。

参考文献

Alcamo J, Kreileman G J J, Leemans R. 1996. Global models meet global policy. How can global and regional modellers connect with environmental policy makers? What has hindered them? What has helped? Glob. Env. Change, 6: 255-259.

Arneth A, Harrison S P, Zaehle S, et al. 2010. Terrestrial biogeochemical feedbacks in the climate system. Nature Geoscience, 3: 525-532.

Asrar G R, Ryabinin V E, Detemmerman V. 2012. Climate science and services: providing climate information for adaptation, sustainable development and risk management. Current Opinion in Environmental Sustainability, 4: 88-100.

Banse M, van Meijl H, Tabeau A, et al. 2011. Impact of EU biofuel policies on world agricultural production and land use. Biomass and bioenergy, 35: 2385-2390.

Berkhout F, Ange D, Wieczorek A. 2009. Asian development pathways and sustainable socio-technical regimes. Technological Forecasting & Social Change, 76: 218-228.

Biermann F, Betsill M M, Gupta J, et al. 2010. Earth system governance: a research framework. Int. Env. Agreements: Politics, Law and Econ., 10: 277-298.

Blackmore C. 2007. What kinds of knowledge, knowing and learning are required for addressing resource dilemmas: a theoretical overview. Env. Sci. and Pol., 10: 512-525.

Bogardi J J, Dudgeon D, Lawford R, et al. 2011. Water security for a planet under pressure: interconnected challenges of a changing world call for sustainable solutions. Current Opinion in Environmental Sustainability, 4: 1-9.

Bradley B A, Blumenthal D M, Early R I, et al. 2011. Global change, global trade, and the next wave of plant invasions. Frontiers in Ecology and the Environment, 10: 20-28.

Brown B J, Hanson M E, Liverman D M, et al. 1987. Global sustainability: toward definition. Environmental Management, 11 (6): 713-719.

Brown V A, Harris J A, Russell J Y. 2010. Tackling wicked problems through the transdisciplinary imagination. London: Earthscan.

Canadell J G, Ciais P, Dhakal S, et al. 2010. Interactions of the carbon cycle, human activity, and the climate system: a research portfolio. Current Opinion in Environmental Sustainability, 2: 301-311.

Cardinale B J, Duffy J E, Gonzalez A, et al. 2012. Biodiversity loss and its impact on humanity. Nature, 486: 59-67.

Chambers R. 2002. Participatory Workshops: A Sourcebook of 21 Sets of Ideas & Activities. London: Earthscan.

Cordell D, Drangert J-O, White S. 2009. The story of phosphorus: global food security and food for thought. Glob. Env. Change, 19: 292-305.

Costanza R, vander Leeuw S, et al. 2012. Developing an integrated history and future of people on earth (IHOPE) . Current Opinion in Environmental Sustainability, 4: 106-114.

Crutzen P J. 2002. Geology of mankind: the Anthropocene. Nature, 415: 23.

Davies G, Burgess J. 2004. Challenging the ' view from nowhere ' : citizens ' reflections on specialist expertise in a deliberative process. Health and Place, 10: 349-361.

de la Vega-Leinert A, Schröter D, Leemans R, et al. 2008. A stakeholder dialogue on European vulnerability. Regional Environmental Change, 8: 109-124.

Elzen B, Geels F W, Green K. 2004. System Innovation and The Transition to Sustainability: Theory, Evidence and Policy. UK: Edward Elgar Publishing.

Foley J A, Ramankutty N, Brauman K A, et al. 2011. Solutions for a cultivated planet. Nature, 478: 337-342.

Foufoula- Georgiou E, Syvitski J, Paola C, et al. 2011. International year of deltas 2013: a proposal. Eos, Trans. American Geophysical Union, 92: 340.

Funtowicz S O, Ravetz J R. 1990. Uncertainty and Quality in Science for Policy. Dordrecht: Kluwer Academic Publishers.

Galaz V, Biermann F, Crona B, et al. 2012. "Planetary boundaries": exploring the challenges for global environmental governance. Current Opinion in Environmental Sustainability, 4: 80-87.

Gardner T A, Barlow J, Sodhi N S, et al. 2010. A multi-region assessment of tropical forest biodiversity in a human-modified world. Biological Conservation, 143: 2293-2300.

GEA Writing team. 2012. Global Energy Assessment: Toward a Sustainable Future. Cambridge: Cambridge University Press.

Gurung A B, von Dach S W, Price M F, et al. 2012. Global change and the world ' s mountains-research needs and emerging themes for sustainable development. Mountain Research and Development, 32: 47-54.

Halpern B S, Walbridge S, Selkoe K A, et al. 2008. A global map of human impact on marine ecosystems. Science, 319: 948-952.

Hare W L, Cramer W, Schaeffer M, et al. 2011. Climate hotspots: key vulnerable regions, climate change and limits to warming. Regional Environmental Change, 11: 1-13.

Hendry A P, Lohmann L G, Cracraft J, et al. 2010. Evolutionary biology in biodiversity science, conservation, and policy: a call to action. Evolution, 64: 1517-1528.

ICSU (International Council for Science) . 2010. Regional environmental change: human action and adaptation. What does it takes to meet the Belmont Challenge. Paris: ICSU Report, International

Council for Science.

ICSU/ISSC (International Council for Science/International Social Science Council) 2010. Earth System Science for Global Sustainability: The Grand Challenges. Paris: International Council for Science.

Ingram J, Ericksen P, Liverman D. 2010. Food Security and Global Environmental Change. London: Earthscan & James.

IPCC (Intergovernmental Panel on Climate Change) . 2007. Climate Change 2007: Synthesis Report. Cambridge: Cambridge University Press.

Kanie N, Betsill M M, Zondervan R, et al. 2012. A charter moment: restructuring governance for sustainability. Public Admin. and Dev. , 32: 292-304.

Kates R W. 2011. What kind of a science is sustainability science? Proc. Nat. Acad. Sci. , 108: 19449-19450.

Klein T J. 2004a. Prospects for transdisciplinarity. Futures, 36: 515-526.

Klein J T. 2004b. Interdisciplinarity and complexity: an evolving relationship. Emergence: Complexity & Organization, 6: 2-10.

Kovats R, Butler C. 2012. Global health and environmental change: linking research and policy. Current Opinion in Environmental Sustainability, 4: 44-50.

Lang D, Wiek A, Bergmann M, et al. 2012. Transdisciplinary research in sustainability science: practice, principles, and challenges. Sustainability Science, 7: 25-43.

Lemos M C, Morehouse B. 2005. The co-production of science and policy in integrated climate assessments. Global Environmental Change, 15: 57-68.

Lenton T, Held H, Kriegler E, et al. 2008. Tipping elements in the earth's climate system. Proc. Nat. Acad. Sci. , 105: 1786-1793.

Lubchenco J. 1998. Entering the century of the environment: a new social contract for science. Science, 279: 491-497.

MA (Millennium Ecosystem Assessment) . 2005. Millennium Ecosystem Assessment Synthes is Report. Washington DC: Island Press.

Malhi, Yand Phillips O L. 2004. Tropical forests and global atmospheric change: a synthesis. Phil. Trans. Royal Soc. London. Series B: Biological Sciences, 359: 549-555.

Matthew R W, Barnett J, McDonald B, et al. 2009. Global environmental change and human security. Cambridge: MIT Press.

Mauser W, Klepper G, Rice M, et al. 2013. Transdisciplinary global change research: the co-creation of knowledge for sustainability. Current Opinion on Environmental Sustainability, 5: 420-431.

McIntyre B D, Herren H R, Wakhungu J, et al. 2009. International assessment of agricultural knowledge, science and technology for development (IAASTD): a synthesis of the global and subglobal IAASTD reports. Washington DC: Island Press.

Messerli B. 2012. Global Change and the World' s Mountains. Mountain Research and Development, 32: 55-63.

Meyfroidt, Lambin E F. 2011. Global forest transition: prospects for an end to deforestation. Annual Review of Environment and Resources, 36: 343-371.

Monks P S, Granie C, Fuzzi S, et al. 2009. Atmospheric composition change: global and regional air quality. Atmospheric Environment, 43: 5268-5350.

Norgaard Rand, Baer P. 2005. Collectively seeing the complex systems: the nature of the problem. BioScience, 55: 953-960.

Pereira H M, Leadley P W, Proenca V, et al. 2010. Scenarios for global biodiversity in the 21st century. Science, 330: 1496-1501.

Perrings C, Duraiappah A, Larigauderie A, et al. 2011. The biodiversity and ecosystem services science-policy interface. Science, 331: 1139-1140.

Pielke R A. 2007. The honest broker: making sense of science in policy and politics. Cambridge, UK: Cambridge University Press.

Pohl C. 2008. From science to policy through transdisciplinary research. Env. Sci. and Policy, 11: 46-53.

Ramanathan V, Feng Y. 2009. Air pollution, greenhouse gases and climate change: global and regional perspectives. Atmospheric Environment, 43: 37-50.

Reid W V, Chen D, Goldfarb L, et al. 2010. Earth system science for global sustainability: grand challenges. Science, 330: 916-917.

Robinson K S. 2012. 2312. New York: Orbit.

Rockström J, Steffen W, Noone K, et al. 2009. A safe operating space for humanity. Nature, 461: 472-475.

Schellnhuber H J. 2009. Tipping elements in the earth system. ProcNat. Acad. Sci. USA, 106: 20561-20563.

Schipper E L F. 2009. Meeting at the crossroads? Exploring the linkages between climate change adaptation and disaster risk reduction. Climate and Development, 1: 16-30.

Scholz R W. 2011. Environmental literacy in science and society. Cambridge: Cambridge University Press.

Scholz R W, Lang D J, Wiek A, et al. 2006. Transdisciplinary case studies as a means of sustainability learning: historical framework and theory. International Journal of Sustainability in Higher Education, 7: 226-251.

Seitzinger S P, Svedin U, Crumley C, et al. 2012. Planetary stewardship in an urbanising world: beyond city limits. AMBIO, 41: 787-794.

Seto K C, Sanchez-Rodriguez R, Fragkias M. 2010. The new geography of contemporary urbanization and the environment. Annual Review of Environment and Resources, 35: 167-194.

Seto K C, Satterthwaite D. 2010. Interactions between urbanization and global environmental change. Current Opinion in Environmental Sustainability, 2: 127, 128.

Steffen W, Sanderson A, Tyson P D, et al. 2004. Global Change and the Earth System: A Planet Under Pressure. Berlin Heidelberg New York: The IGBP Global Change Series, Springer-Verlag, 2004.

Steffen W, Persson Å, Deutsch L, et al. 2011. The anthropocene: from global change to planetary stewardship. AMBIO, 40: 739-761.

Thomson M C, Connor S J, Zebiak S E, et al. 2011. Africa needs climate data to fight disease. Nature, 471: 440-442.

UN (United Nations). 2012. The future we want. New York: Conference Outcome A/CONF216/L1, United Nations.

UNEP (United Nations Environment Programme). 2012a. Global Environment Outlook 5: Environment for the future we want. Nairobi, Kenya: United Nations Environment Programme.

UNEP (United Nations Environment Programme). 2012b. 21 Issues for the 21st Century: Result of the UNEP Foresight Process on Emerging Environmental Issues. Nairobi, Kenya: United Nations Environment Programme.

UNESCO (United Nations Educational, Scientific and Cultural Organization). 2010. World Social Science Report 2010: Knowledge Divides. Paris: International Social Science Council, UNESCO.

United Nations Secretary-General's High-Level Panel on Global Sustainability. 2012. Resilient people, resilient planet: a future worth choosing, Overview. New York: United Nations.

UNWECD (United Nations World Commission on Environment and Development). 1987. Our Common Future. Oxford: Oxford University.

van den Hove S. 2007. A rationale for science-policy interfaces. Futures, 39: 807-826.

Vermeulen S, Campbell B M, Ingram J S I. 2012. Climate change and food systems. Annual Review of Environment and Resources, 2012, 37: 195-222.

WBGU (German Advisory Council of Global Change). 2011. World in Transition. A Social Contract for Sustainability. Berlin, Germany: German Advisory Council for Global Change.

WWAP (World Water Assessment Programme). 2012. The United Nations World Water Development Report 4: Managing Water under Uncertainty and Risk. Paris: UNESCO.

Young O R, King L A, Schroeder H. 2008. Institutions and Environmental Change: Principal findings, applications, and research frontiers. USA: MIT Press Cambridge.

Zalasiewicz J, Williams M, Steffen W, et al. 2010. The New World of the Anthropocene. Env. Sci. and Tech., 44: 2228-2231.

附　录

A　专业术语表

边界组织（boundary organisation）：介于科学与政策之间的组织，其职能之一是评估科学证据的真实性并将其转变为相关的政策信息。

协同设计（co-design）：研究界与其他利益相关者共同鉴别与界定研究议程的框架和优先研究的问题。

协同实施（co-production）：研究界与其他利益相关者一起设计研究框架、参与研究过程，并共同将研究成果投入应用。

核心计划（core project）：全球环境变化项目（GEC）的大部分研究主要是通过核心计划开展的，目前全球环境变化项目下约有 30 个核心计划。

地球系统（earth system）：由物理、化学、生物和社会组分、过程和相互作用构成的统一体，它们共同决定地球的状态和动态变化，包括生物界和人类。

全球可持续性（global sustainability）：全球可持续性是将“可持续发展”应用于全球范围或地球系统，是对“可持续发展”这一专业术语的拓展。布伦特兰委员会（1987 年）将“可持续发展”定义为“既满足当代人的需求，又不对后代人满足其需要的能力构成危害的发展”，可持续发展通常包括社会可持续发展、环境可持续发展、经济可持续发展三部分。与之类似的是全球可持续性主要包括人类可持续发展和环境可持续发展，考虑到社会、地缘政治、制度、地球系统进程（从当地生态系统间相互作用到地球生物物理学系统间的相互作用）

之间日益密切的相互依赖关系以及人类发展对地球系统产生的压力，本书强调在全球及星球尺度上可持续发展的重要性，以保障地球系统在其他所有尺度上的发展机遇。全球可持续性强调在地球系统的承载能力下改善民生，并兼顾全球、区域和地方尺度上生态环境的可持续发展，包括了解当地生态系统和环境过程的稳定性和功能，如区域尺度上的季风和全球范围内的气候。

学科源的跨学科研究（interdisciplinary research）：涉及几个不相关学科的研究，鼓励研究者在共同的研究目标下跨越学科界限创造新知识和新理论。

联合项目（joint project）：地球系统科学联盟（直到2012年年底）牵头的一个核心项目。该联合项目的目的是建立与社会直接相关的GEC研究议程，该项目特别强调4个重要的根本性问题。总之，该项目旨在阐明GEC在碳动态、粮食、水、卫生等方面面临的挑战，并针对这些问题了解人类活动对地球系统活动产生的影响。该联合项目将直接解决全球环境变化与全球可持续发展之间的双向互动。

利益相关者（stakeholder）：在项目或实体中拥有合法权益或可能受到某些特定行动或政策影响的人或组织（IPCC，2007）。在未来地球计划背景下，主要的利益相关者群体包括学术研究群体、科学政策互动组织、研究资助机构、政府（国际、国家和区域层面）、开发机构、工商业者、社会民众和媒体。

研究者源的跨学科研究（transdisciplinary research）：来自互不相关学科的研究者和非学术参与者的学术整合研究。例如，为了一个共同的目标，决策者、民间社会团体和企业代表一同创造新知识和新理论。

B 缩略词表

英文简写	中文名称
AAAS	美国科学促进协会
AGMIP	国际农业模型比较和改进项目
AGU	美国地球物理联合会
AOA	评估方法评价
APN	全球变化研究亚太网络
CBD	生物多样性公约
CCAFS	气候变化、农业和粮食安全项目
CGIAR	国际农业研究磋商组织
CIFOR	国际林业研究中心
CliC	气候与冰冻圈
CLIVAR	气候变化率和可预测性
CMIP	耦合模式比较计划
CODATA	国际科学理事会国际科技数据委员会
CRA	国际合作研究行动（贝尔蒙特论坛旗下）
CSD	可持续发展委员会（联合国旗下）
DIVERSITAS	国际生物多样性计划
EGU	欧洲地球科学联盟
ENSO	厄尔尼诺-南方涛动
EPSRC	英国工程与自然科学研究理事会
ESG	地球系统治理
ESSP	地球系统科学联盟

续表

英文简写	中文名称
EU	欧洲联盟
FACCE	全球范围内倡议的农业、粮食安全与气候变化联合研究项目
FAO	联合国粮食及农业组织（联合国旗下）
GBIF	全球生物多样性信息网络
GCOS	全球气候观测系统
GCP	全球碳计划
GEC	全球环境变化
GECHS	全球环境变化与人类安全研究项目
GEO	地球观测组织
GEO BON	地球观测组织生物多样性观测网络
GEOSS	全球综合地球观测系统
GEWEX	全球能源与水分交换项目
GLP	全球土地计划
GOOS	全球海洋观测系统
HLPF	高级别政治论坛（联合国）
IAI	美洲国家间全球变化研究所
ICSU	国际科学理事会
IGAC	国际全球大气化学计划
IGBP	国际地圈—生物圈计划
IGFA	全球变化研究资助机构国际组织
IHDP	国际全球环境变化人文因素计划
IHOPE	地球上人类的综合历史
IOF	国际机会基金
IPBES	生物多样性和生态系统服务政府间平台
IPCC	政府间气候变化专门委员会
IPO	国际项目办公室

续表

英文简写	中文名称
IPY	国际极地年
IRDR	灾害风险综合研究计划
ISSC	国际社会科学理事会
IT	产业转型计划（国际全球环境变化人文因素计划子项目）
LOICZ	海岸带陆海相互作用研究计划
LUCC	土地利用与土地覆盖变化计划
MDG	千年发展目标
MA	千年生态系统评估
NASA	美国国家航空航天局
NGO	非政府组织
OECD	经济合作与发展组织
PECS	生态系统变化与社会计划
PUP	压力下的星球
SDG	可持续发展目标
SSEESS	瑞典环境地球系统科学秘书处
Sida	瑞典国际发展合作署
SOLAS	上层海洋—低层大气研究
START	全球变化分析、研究和培训系统
TT	过渡小组
UNDP	联合国开发计划署
UNOWG	联合国可持续发展目标开放工作组
USGCRP	美国全球变化研究计划
WBCSD	世界可持续发展工商理事会
WBGU	德国全球变化咨询理事会
WCRP	世界气候研究计划
WDS	世界数据系统

续表

英文简写	中文名称
WHO	世界卫生组织
WMO	世界气象组织
WTO	世界贸易组织
UNEP	联合国环境规划署
UNESCO	联合国教育、科学及文化组织
UNFCCC	联合国气候变化框架公约

C　全球环境变化计划、合作伙伴及项目

附表 C-1　全球环境变化计划及其合作伙伴

首字母缩略表	全称	主办单位、赞助者
DIVERSITAS	国际生物多样性计划	国际科学理事会（ICSU） 国际生物科学联合会（IUBS） 国际科联环境问题科学委员会（SCOPE） 联合国教育、科学及文化组织（UNESCO）
IGBP	国际地圈—生物圈计划	国际科学理事会（ICSU）
IHDP	国际全球环境变化人文因素计划	国际科学理事会（ICSU） 国际社会科学理事会（ISSC） 联合国大学（UNU）
WCRP	世界气候研究计划	国际科学理事会（ICSU） 联合国教育、科学及文化组织海洋学委员会（IOC-NESCO） 世界气象组织（WMO）
ESSP	地球系统科学联盟	保障未来地球计划正常运行至 2012 年 12 月 31 日

附表 C-2　全球环境变化项目

首字母缩略表	全称	主办单位、赞助者
agroBIODIVERSITY	农业生物多样性	国际生物多样性计划
AIMES	地球系统分析、集成与模拟计划	国际地圈—生物圈计划
bioDISCOVERY	生物发现计划	国际生物多样性计划
bioGENESIS	生物进化计划	国际生物多样性计划
bioSUSTAINABILITY	生物可持续性计划	国际生物多样性计划
CliC	气候与冰冻圈	世界气候研究计划
CCAFS	气候变化、农业、粮食安全	地球系统科学联盟 国际农业研究磋商组织
CLIVAR	气候变化率和可预测性研究计划	世界气候研究计划
ESG	地球系统管理	国际全球环境变化人文因素计划
ecoHEALTH	生态健康	国际生物多样性计划
ecoSERVICES	生态服务	国际生物多样性计划
freshwater BIODIVERSITY	淡水生物多样性	国际生物多样性计划
GCP	全球碳计划	地球系统科学联盟
GECHH	全球环境变化与人类健康	地球系统科学联盟
GECHS	全球环境变化与人类安全	国际全球环境变化人文因素计划
GEWEX	全球能量和水循环试验	世界气候研究计划
GLP	全球土地计划	国际全球环境变化人文因素计划 国际地圈—生物圈计划
GMBA	全球山地生物多样性评估	国际生物多样性计划
GWSP	全球水系统项目	地球系统科学联盟
IT	产业转型计划	国际全球环境变化人文因素计划

续表

首字母缩略表	全称	主办单位、赞助者
IHOPE	集成人在地球上的现在和未来	国际全球环境变化人文因素计划、国际地圈—生物圈计划、地球系统分析、集成与模拟计划、过去全球变化研究计划
iLEAPS	陆地生态系统—大气过程集成研究	国际地圈—生物圈计划
IMBER	海洋生物地球化学和海洋生态系统综合研究计划	国际地圈—生物圈计划、海洋研究科学委员会
IRG	综合风险防范	国际全球环境变化人文因素计划
IGAC	国际全球大气化学计划	国际地圈—生物圈计划、大气化学与全球污染国际委员会
LOICZ	海岸带海陆相互作用研究计划	国际全球环境变化人文因素计划、国际地圈—生物圈计划
MAIRS	季风亚洲区域集成研究计划	地球系统科学联盟
PAGES	过去全球变化	国际地圈—生物圈计划
PECS	生态系统变化与社会计划	国际科学理事会，联合国教育、科学及文化组织
SOLAS	上层海洋—低层大气研究	国际地圈—生物圈计划、世界气候研究计划、海洋研究科学委员会、大气化学与全球污染国际委员会
SPARC	平流层过程及其在气候中的作用	世界气候研究计划
UGEC	城市化与全球环境变化	国际全球环境变化人文因素计划

D 初步设计阶段概述

1. 过渡小组的组成和职责

过渡小组由来自科学界、资助机构、用户和运营服务商社区的高水平科学家和专家组成，为未来地球计划初步设计提供了宝贵的意见。

为期 18 个月的过渡小组的主要职责如下：

（1）制定研究战略。整理 ICSU 远景规划过程、贝尔蒙特论坛白皮书和联盟其他主要合作伙伴战略的成果，以评估面临的研究挑战、优先研究主题的筛选和亟须提升的能力、预期成果、有影响力的成功措施以及研究进展。

（2）识别合作伙伴关系的缺口，联系潜在的合作伙伴，并鼓励他们加入这一倡议，并获取必需的政府、企业、民间团体高层的承诺。

（3）寻求巩固现有能力和投资的途径。制定规模更大、更高效的 GEC 拓展计划。过渡小组将可能被目前地球系统科学联盟的科学委员会逐步取代。基于 SWOT 分析结果，针对 GEC 计划和项目的整合方案，过渡小组将展开磋商，以确保在过渡期现有承诺（existing commitments）的连续性。

（4）提倡开放、灵活的融资机制，主要考虑因素如下：①关于资金来源，采取保障研究需要、促进科学界快速发展的融资机制，包括双边、多边或协调行动；②关于网络资源的利用，基于用户需求和现有区域活动的优势和弱点，首选网络设计，并开发识别网络可能区域“节点”的流程；③关于知识管理体系，互联网将实现所有利益相关者群体之间高性价比的互动和信息交流。

（5）针对前 3 年的倡议制订研究方案和实施计划，并确定早期的优先研究领域。根据该战略举措，制订具体的行动计划。筛选优先领域/方向是该行动计划的第一步。另外，该实施计划还应该包括交流战略。

（6）提出倡议管理建议。过渡小组的生存期为18个月，之后将被常设治理机构取代。

2011年6月，代表全球可持续发展科技联盟的国际科学理事会（ICSU）、国际社会科学理事会（ISSC）及贝尔蒙特论坛委任的过渡小组成员（附表D-1）进行了第一次会晤。

附表 D-1　过渡小组成员

成员	
Tanya Abrahamse	南非生物多样性研究所首席执行官
Bertha Becker	巴西联邦大学名誉教授
Rohan D'Souza	印度尼赫鲁大学社会学院科技政策研究中心教授
Karl Jones	澳大利亚韦莱集团亚太地区和澳大利亚大型灾害管理中心执行董事
Rik Leemans	荷兰瓦赫宁根大学教授
Peter Liss	英国东英吉利大学教授
Diana Liverman	美国亚利桑那州大学环境研究所主任
Harold Mooney	美国斯坦福大学教授
Isabelle Niang	塞内加尔达喀尔大学教授
Karen O'Brien	挪威奥斯陆大学教授
Hermann Requardt Represented by Sacha Daeuber	德国西门子医疗保健部首席执行官
Johan Rockström	瑞典斯德哥尔摩应变中心执行董事
Roberto Sanchez	墨西哥城市与环境学学院教授
Martin Visbeck	教授，德国亥姆霍兹基尔海洋科学研究中心物理海洋学委员会主席
Robert Watson	廷德尔中心战略发展部门主任，英国环境、食品和农业事务部首席科学顾问

续表

成员	
Tandong Yao	中国科学院青藏高原研究所所长
Stephen Zebiak	美国哥伦比亚大学地球研究所气候中心主任
Joseph Alcamo	联合国环境计划署（UNEP）首席科学家
Heide Hackmann	国际社会科学理事会（ISSC）执行董事
Gretchen Kalonji	联合国教育、科学及文化组织自然科学助理总干事，联合国高级协调员，联合国教育、科学及文化组织项目专家，负责生物多样性相关的评估和科学文化组织工作
Albert van Jaarsveld	贝尔蒙特论坛主席
Patrick Monfray	贝尔蒙特论坛主席
Jakob Rhyner	欧洲联合国大学（UNU）副校长，联合国大学环境与人类安全研究所主任
Paul Rouse	英国国家经济和社会研究委员会（ESRC）委员
Steven Wilson	国际科学理事会（ICSU）主任
检查员	
Ghassem Asrar	世界气候研究计划（WCRP）主任
Anantha Duraiappah	国际全球环境变化人文因素计划（IHDP）执行董事
Anne Larigauderie	生物多样性科学国际项目执行主任
Jeremiah Lengoasa	世界气象组织（WMO）副秘书长
Sybil Seitzinger	国际地圈—生物圈计划（IGBP）主任

2. 最初设计的协商过程

在初始设计过程中，通过公开演讲、磋商和讨论的方式收集了有关未来地球计划的研究框架和管理模式的思想和反馈建议；广泛召集了正在开展 GEC 计划和项目研究、熟悉网络的科学家及其他利益相关者，围绕未来地球，建立了广泛的社区，并在全球和区域层面激发人们的研究兴趣，并建立了合作伙伴关系。针对建立未来地球计划的愿景过程（2009~2011年）的方案、措施和策略的磋商，包括与科学界的协商全方位推进了地球系统研究。这一愿景规划过程以及其他相关的联盟倡议共同决定了未来地球计划的创造性。

本报告已充分考虑了过渡小组的协商结果，以下为未来地球计划最初设计阶段的主要事件时间表（附图D-1）。

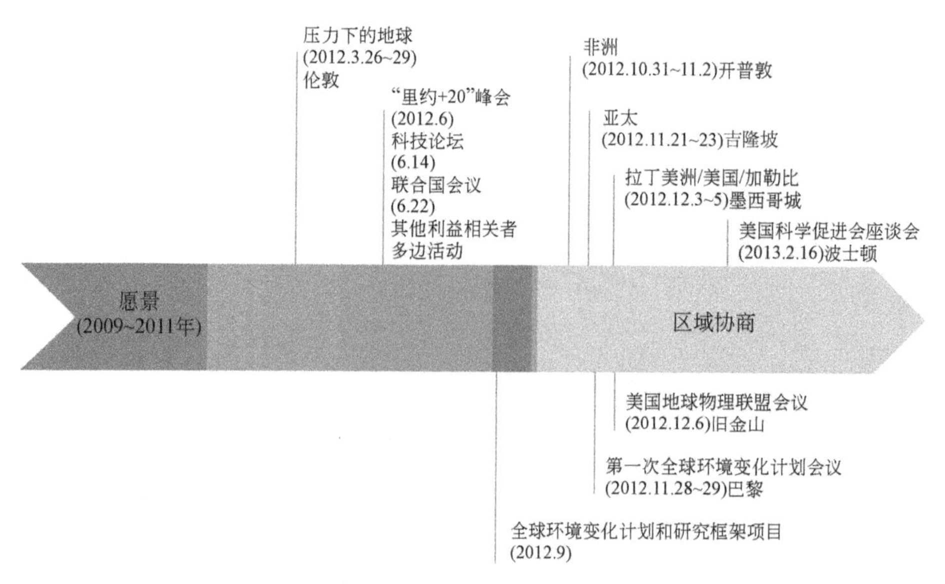

附图D-1 主要事件时间表

未来地球计划运行的中期阶段，还规划了一些其他协商活动，包括：

2013年4月9日在奥地利维也纳召开的欧洲地球科学联合会大会（EGU）未来地球分会；

2013年5月13~14日在巴黎召开的未来地球欧洲会议；

2013年6月6~8日在塞浦路斯召开的未来地球北非和中东会议；

2013年6月26~27日在华盛顿特区召开了两次未来地球北美网络会议；

2013年年底，召开了GEC项目第二次会议。

E 未来地球计划和后续的“里约+20”峰会

2012 年 6 月召开的“里约+20”峰会最显著成果之一是提出了一系列可持续发展目标（SDGS）。与消除极端贫困及发展中国家相关社会弊病的千年发展目标（MDGS）比较，可持续发展目标基于各国的国情和能力，综合考虑经济、社会及环境三者之间的相互关系，寻求全球性的经济、社会及环境共同的可持续发展，得到了发达国家和发展中国家的一致好评。2013 年 1 月 22 日，联合国大会提名成立了联合国可持续发展目标开放工作组（OWG），其职责为在 2013 ~ 2014 年制定一套 SDGS 评价体系，并于 2015 年提交联合国大会审批。

未来地球计划将在可持续发展目标的实施和监测方面发挥关键作用。由于 SDGS 具有跨学科性（涉及环境、社会、经济等领域），因此其实施过程需要基于跨学科的基础知识与监测。基于 SDGS 的全球性，未来地球将作为区域和国家层面的接口，在区域和国家差异化的目标基础上对现有目标进行补充，最终实现全球可持续发展目标。目前这一工作已由未来地球 SDGS 的一个合作伙伴完成。

另外，“里约+20”峰会决定建立一个取代可持续发展委员会（Commission on Sustainable Development，CSD）的“高级别政治论坛”（High-level Political Forum，HLPF）。在“里约+20”峰会成果文件的第 85 段描述了新机构的工作职责。HLPF 为科学与政策提供了一个汇集分散的信息，评估《全球可持续发展》报告在内的文件的互动平台。目前，联合国大会还在思考这一新组织的正式名称、职能和运行机制，所以，目前还不清楚关于该新组织有怎样的科学改进建议。为了促进 HLPF 的发展，鼓励运用未来地球计划中相关的专业知识构建 HLPF 工作机制。

在“里约+20”峰会上，联合国环境规划署（UNEP）的另一个关键决定即改善科学与政策交互联系的界面，这也是未来地球可以参与的联合国另一个关键进程。虽然这些改善仍需进一步确定，但未来地球可能会在提高跨学科的科学咨询建议方面发挥关键作用。未来几年，未来地球将沿着这一方向发展，以确保在UNEP的科学与政策交互联系的界面中发挥作用。

F 不同机构的职能

1. 未来地球计划管理理事会

未来地球计划管理理事会一般由15～25名在科学界具有很好的代表性的利益相关者组成。作为具有未来地球计划的整体战略眼光的决策机构，理事会由未来地球联盟的合作伙伴任命。科学委员会和参与委员会主席也是管理理事会成员之一，研究主题指导委员会主席将作为当然成员（ex-officio members，在管理理事会中当然成员可以代表联盟合作伙伴）。其他群体可以包括资助机构（不包括贝尔蒙特论坛，如发展机构），企业、行业、民间团体和政府的代表。

管理理事会每年举行一次会议，为了满足更加频繁的会议需要，允许成立较小的执行理事会，并选举相应的主席。较之更大的管理理事会，执行理事会具有相同的责任，这有利于更好地举行年会，以及与执行秘书处保持更加密切的沟通。

管理理事会职能包括：

（1）阐明未来地球计划的整体战略，并提供有关目标和优先事项的指导；

（2）考虑、评估和批准科学委员会和参与委员会的建议，并将评估结果提交研究主题指导委员会；

（3）为未来地球计划的秘书处和特定研究主题制定筹资策略；

（4）批准、监督执行秘书处和研究主题经费的预算与执行；

（5）监督秘书处，包括任命其董事，并评估秘书处；

（6）任命科学委员会、参与委员会和研究主题指导委员会的成员；

（7）批准未来地球计划的研究议程；

（8）对未来地球计划的监测和评估标准提出指导意见；

（9）安排未来地球计划的定期外部评估；

（10）支持新项目或新的研究主题，并拥有强制终止现有项目或研究主题的权利；

（11）必要时，可批准新的研究主题。

2. 未来地球计划科学委员会

为了确保未来地球计划的最高质量，基于 GEC 项目长期发展的卓越性，未来地球计划科学委员会将为未来地球计划提供科学指导，并负责处理突发事件，将工作报告递呈管理理事会。必要时，未来地球计划科学委员会可以针对项目、其他科学活动（如区域研讨会、开放型科学会议、利益相关方论坛和综合性会议）、新的研究课题提醒管理理事会考虑其科学问题。该委员会成员首先由联盟（即 ICSU 和 ISSC）的学术合作伙伴提名，最终由管理理事会任命。科学委员会的职权范围包括自然、社会、工程、人文科学以及其他领域（如政府及工业）在内的全球环境变化科学。未来地球计划科学委员会大约有 18 名成员。特别是在早期阶段，科学委员会负责将 GEC 计划的项目和活动与未来地球计划相整合。科学委员会每年举行两次会议，理想情况下，可以与参与委员会会议同时举行。在适当的情况下，科学委员会会议可邀请专家参会。

作为联盟代表的ICSU和ISSC将提名科学委员会成员，并将名单呈交管理理事会审批。选择科学委员会成员考虑的主要条件是科学成就和社会地位，性别、年龄、地域是需要兼顾考虑的条件，另外，还需要考虑学科以及跨学科专业知识的平衡。与参与委员会相似，科学委员会原则上作为管理理事会的一个附属机构，有权针对管理理事会报告提出意见和建议。由于科学委员会的主要职责是保证科学的质量和完整性，所以科学委员会的建议与活动独立于管理理事会。科学委员会的职责决定了其独立性。

为了确保未来地球所有成果在科学质量、独立性和公信力方面具有最高水平，科学委员会将进行下列活动：每年举行两次会议，主要职责是搜集研究、教育和区域活动等方面的反馈信息，保证科学研究的质量与完整性。具体职责如下：

（1）针对管理理事会的科学问题提出建议；

（2）针对未来地球计划的研究议程提供参考建议（考虑指导委员会、项目、广泛的科学界和用户，包括参与委员会在内的自下而上的贡献，完善研究议程）；

（3）监督研究主题的投资组合，并向相关领导提出建议；

（4）必要时，可提名新项目、其他活动或新的研究主题；

（5）联合参与委员会，为管理理事会提供研究主题审查程序和标准制定方面的支持；

（6）基于研究团体提交的信息，与参与委员会监督和评估研究主题的进展；

（7）监测和评估现有项目，并提名需要延续、合并或结束的项目；

（8）针对扩展宣传、资助、交流、教育和区域活动提供战略反馈；

（9）在未来地球与相关机构（如CODATA，即国际科技数据委员会）的合作研究中，针对数据政策提出建议；

（10）会同参与委员会，制定未来地球能力建设战略；

（11）向管理理事会提交科学委员会提议的研究课题和项目供其审议；

（12）针对未来地球计划整个主题和项目的综合与集成提出建议。

3. 未来地球计划参与委员会

未来地球计划参与委员会作为战略咨询小组，主要目的是确保未来地球计划成为一个为社会提供亟须的知识的平台，聚焦国际活动与战略，建立国际评估流程和机构的正式联系。为了建立一个新的未来地球知识平台，参与委员会将针对如何鼓励非传统的全球变化社区广泛的利益相关者参与提供意见及建议。

随着时间的推移，通过最终用户的协同设计研究、利益相关者有效的参与，可确保向未来地球计划提供更具针对性和指导意义的解决方案，促进社会的可持续发展。

在全球变化领域，未来地球计划参与委员会负责较为新颖的工作进程，随着时间的推移，其功能和结构可能会发生变化。其主要职能如下：

（1）针对社会研究重点，特别是通过评估决策者和利益相关者群体之间知识差距的方式，向未来地球计划科学委员会和管理理事会提供意见及建议。

（2）同意并监督未来地球的参与和交流策略。特别是在利益相关者参与、交流和宣传方面提供战略指导。寻找培育文化参与和合作的新方法，包括在国际评估和研究过程（如 IPCC、IPBES、SDGs）中提供战略指导。

（3）为资助活动及资助战略提供建议。

（4）确保相关重大国际进程的投入，如可持续发展目标。

（5）遵循计划和项目的协同设计原则，与未来地球计划科学委员会密切合作。

(6) 提议、支持并启动利益相关者呼吁的未来地球计划活动，这种活动将作为未来地球的一部分，并可能发展为利益相关者群体广泛参与的一种模式，这些活动包括报告、快速跟踪研究以及与私营部门实体合作开展的联合研究。

(7) 在全球可持续发展方面为私营部门提供技术指导，促进并确保私营部门参与可持续发展解决方案的协同设计，以及保障协同设计的应用比例增加。

(8) 发展区域、流程、评估或主题任务组或工作团队。

(9) 为国家层面的资助者、政策制定者、研究者及其他利益相关者提供战略指导，并将指导意见提交未来地球计划国家委员会。

(10) 参与委员会与科学委员会具有相同的地位和优先级，这两个机构将密切合作向管理理事会提供咨询意见和建议。这将有助于科学委员会通过可持续的、双向信息交流的方式保障不同利益相关者之间的联系，最终达成目标。

(11) 参与委员会（与科学委员会一样）将直接向管理理事会汇报工作。

(12) 参与委员会可以质疑科学委员会的建议，但无权否决任何科学的建议，而管理理事会拥有建议否决权。

(13) 参与委员会通常每年举行两次会议，并且为了确保协调和对话，一般与科学委员会会议同期举行。

4. 未来地球计划执行秘书处

未来地球计划执行秘书处作为一个枢纽，其日常工作主要是确保未来地球计划管理理事会批准的战略和活动得以顺利实施。秘书处作为未来地球计划管理理事会决议的执行机构，主要职能如下。

1）行政职能

（1）通过必要的日常管理工作（规划和运作，包括提名和任命过程，召开管理理事会和委员会会议等）支持未来地球计划管理理事会、科学委员会和参与委员会的工作。

（2）在联盟和其他有关专家的帮助下，落实管理理事会资助策略，包括协调保障新思想发展的种子资金。

（3）向管理理事会提交准备执行秘书处的预算，管理资金并编制财务收支审计报告。

（4）支持未来地球计划的监测和评估过程。

（5）与课题及项目负责人保持密切联系，统筹安排并协调未来地球计划的科学研究工作，保障其连贯性和协调性。

（6）策划活动、综合管理并监督未来地球计划跨（多）主题研究进展。

（7）通过加强区域联络点，保障与国家委员会的联系的一致性和协调性。

（8）设计和管理创新机制，促进新思想、新理念的产生（如快速跟踪研究、基于 Web 平台的研究等）。

（9）组织科学委员会和参与委员会讨论新项目或新的研究主题和新思想、新理念，提交未来地球计划管理理事会审批（水平扫描）。

（10）通过未来地球研究主题、项目和数据发布等活动，特别是通过获得世界数据系统（CODATA，GEO/ GEOSS）、观测系统、研究资助者和其他人（如试用者）支持的方式，支持未来地球计划数据政策的设计及执行。

（11）通过未来地球计划的正常运行（包括秘书处、项目办公室、采购、差旅、科学委员会业务、管理理事会和联盟等）推动可持续发展战略的实施。

2）沟通、参与和科学政策评估

（1）与科学委员会、参与委员会共同制定交流战略、能力建设战略、教育战略和关键利益相关者群体参与战略。

（2）与上述相关合作伙伴协调制定交流、能力建设、教育与利益相关者群体参与等实施策略。

（3）确保未来地球在国际科学政策界面（如推动 SDGs 进程等）发挥重要作用。

（4）组织并管理宣传活动（如会议、讨论、利益相关者论坛、创建关键利益相关者合作平台等）。

（5）欢迎来自各地的利益相关者参与开发互联网的工作，尤其鼓励青年科学家和来自发展中国家的科学家参与。

（6）未来地球计划的科学投入将整合到评估过程中，如生物多样性和生态系统服务政府间平台（IPBES）及政府间气候变化专门委员会（IPCC）。秘书处主任有权任命秘书处的其他成员。为了支持其他治理结构的设置，秘书处应在过渡期结束后全面投入运作。可以设想，现在的 GEC 秘书处或将发展为未来地球中期的秘书处。

G　未来地球计划的数据资料

以下成果主要基于 Roberta Balstad（美国气象学会《气象、气候与社会》总责编，哥伦比亚大学环境决策研究中心）提交给过渡小组的意见。

对于科学研究而言，数据重要性已被普遍认同，但在制定、实施与完善数据的管理方案、及时搭建基础设施以满足预期目标方面仍然存在很大障碍。例如，数据的开放获取、数据资料长期管理、满足支持研究和应用的需要等方面仍然存在巨大的挑战。在国际极地年计划的数据挑战中积累了大量的经验教训。

未来地球计划在主动鉴别关键数据需求、协调数据开发、搭建基础设施、管理数据资源、制定资助策略、支持社区扩展、有关数据的其他活动诸多方面面临着挑战。此外，未来地球计划还将面临目前自然科学和社会科学大数据综合分析的挑战。

在未来地球过渡期的过程中，在实际研究和观测开始前就必须建立数据政策和制度。在未来地球的早期阶段，相关影响跨领域科学数据管理的策略、标准和方法的数据组织和项目（国际科技数据委员会和 ICSU-WDS）的适当参与是必需的。开展关键数据计划和活动之间的积极互动和有效的协作可以保证未来地球计划数据作为遗产得到妥善的管理和保存。

1. 数据资料是地球系统科学的战略组成部分

数据资料是未来地球计划内部具有挑战性的重要组成部分。虽然未来地球计划是一项科研计划，旨在促进多学科科学家（包括现在的和未来的自然科学家、社会科学家、工程师等）之间的合作研究，并架起了科研界与公共部门及私营部门之间的桥梁，这将加速公共部门及私营部门包括管理者、消费者、政策制定者和决策者科研成果的转化，促进全球可持续发展。但由于受众的广泛性和多样性，在未来地球计划实施前，针对符合科学家与利益相关者双方需求的数据进行规范是必需的。例如，数据和信息的保存、数据资料的质量、查阅和传播途径等。

在未来地球计划的初步设计阶段，数据已被确定为未来地球计划的战略组成部分，地球系统愿景五大挑战之一是观测，这也是未来地球计划数据和信息系统的迫切需要。ICSU 第一次报告引发了目前过渡小组的形成，报告强调，需要建立一个强大的数据和信息系统，该系统应聚集几世纪的数据和知识、新的观测和模型模拟数据，并能够提供一系列集成化、跨学科的数据集，指标化、可视化、场景化的信息产品，以确保过去和未来数据可以被广泛地访问，尤其是在社会层面，这是一个巨大的挑战（ICSU，2010）。

第二大挑战是预测，预测是一项基于大量数据的活动。未来地球计划将更加强调建模和综合预测，因此需要使用长时间尺度上的社会、经济、生态系统和地球物理数据。如果借鉴 IPCC 过去的经验，可能也会招致公众质疑，公众可能请求公布科学和公共信息来源、未来地球假设、数据和模型输出方面的信息，而未来地球计划数据和信息系统将作为重要指标，评估未来地球计划是否已具备满足这些要求的能力。

另外，一些其他方面的巨大挑战（不确定性挑战）也影响着未来地球计划的数据战略。例如，如何识别、分析、跟踪社会—环境系统的阈值和不连续性？通过未来地球发起的数据业务，这一系列活动将取决于对量化指标、模型、可视化、其他数据和信息产品的综合能力。

总之，作为未来地球计划基础设施的一部分和重要的研究手段，数据信息资料是未来地球计划研究的驱动者。本部分内容主要从数据信息在未来地球计划中的作用和数据政策两方面展开，另外，本附件的最后一节是数据政策建议概要。

2. 为什么数据信息在未来地球计划中至关重要

首先，未来地球计划内部倡议包括规划数据在内的广泛的科学数据信息的参数必须是科学而实用的，未来地球计划的目标是：①在全球变化的大背景下创建科学研究可持续发展的愿景；②提出应对挑战的方法措施，实现可持续发展目标；③动员科研界和决策者解决这些问题，在规划过程中将数据和信息作为协调的重点是至关重要的。在某种程度上，该倡议将培养以下两方面的能力：跟踪未来可持续发展变化的能力，甄别并创造基线数据集的能力。在某种程度上，无论是现在还是将来，未来地球计划都需要随着时间的推移监测和研究（新的和现存的）数据在多个时间和空间尺度上的变化。经济合作与发展组织在最近的一份报告中指出，数据库正迅速成为全球科学体系基础设施的重要组成部分。对未来地球计划来说的确如此，因为数据库是其他科学活动的基础。未来地球计划在不同时空尺度（如全球、国家或省级尺度）上跨学科、跨领域整合数据信息的难点就在于解决研究的可信度问题，而可信度取决于数据资料是否被有效整合。因此，未来地球应在开展可持续发展实质性研究之前，或与之同时开展数据的搜集和整合研究。

数据信息将成为未来地球计划的关键，并将通过未来的公共和科研用户体现。未来地球计划将以数据信息的形式定期向社会、广泛的政策制定者和决策者用户推送研究成果，使受众了解跟踪其管辖范围内特定数据信息的变化。基于双方的积极努力和与未来地球计划相关的科研工作，未来地球计划在结束时还将为这些用户提供正式的开放式访问数据平台。

最后，未来地球计划的研究成果还将以数据信息的形式被永久保存，并不断地被访问，使其不仅可被今天的科学家使用，也可以被未来的科学家及其学生使用。在许多国际科学计划中，科学数据就是计划中最重要和最持久的遗产之一。

3. 未来地球计划将产生或使用怎样的数据

数据的产生和分析是未来地球计划数据管理方面的一个挑战。因为未来地球计划注重可持续发展和未来发展的影响，所以必须考虑该计划在社会经济和文化方面数据资料的持续需求，并且应该保证这些数据既可以单独使用又能够与自然科学方面的数据结合使用。在科学数据获取、分析、维护、管理和传播过程中，自然/物理科学和社会/行为科学方面的科学家在各自的学科内均有着相当丰富的经验，然而，其在这两大领域的跨领域数据资料整合方面的经验是很有限的。为了理解未来地球所需的数据广度带来的挑战，对社会经济数据的类型作简要描述，并讨论社会经济和物理/自然科学数据在整合研究和建模过程中可能遇到的问题。

社会经济数据的来源与其他类型的科学数据有着显著的差异。社会经济学数据通常是由政府部门按照政治或行政管辖区，如国家、省、州、地方政府进行收集的。其中，第一种形式是人口统计数据，包括出生率、死亡率、发病率、迁移率等，并且越来越多的人口统计数据在对个人数据的涵盖方面有了进一步的拓展。

第二种形式是官方统计数据，包括以家庭为单位的人口普查数据、劳动力数据（就业和失业）、消费数据、个人、企业和政治辖区内的经济数据、健康和疾病数据、农业生产数据及其他。区域间这些数据的可用性是不一致的，较之发展中国家，发达国家的数据资源更加丰富，但发展中国家的一些数据可以通过发展中国家整群抽样调查数据估算。

第三种数据被归类为行为和交易数据。这些数据是对单独交易或活动的记录，包括互联网搜索频率记录等被大肆鼓吹的谷歌流行数据集，这种数据反映了普通人的行为。然而，这类数据范围远比互联网数据广泛。它还包括越来越多的社会科学家用以判断行为模式、区域和经济行为差异，甚至包括个体健康特征的采购、旅行、模式、水和能源使用量，以及其他广泛活动的数据信息。

第四种社会经济数据来源于调查数据，即通过正式的概率抽样调查获得的数据。这些数据可为态度、观念、意向及行为自我评估报告提供有关信息。其中涵盖了大量关于政治态度及选举行为的数据，包括与可持续发展相关的态度和行为数据。而其他新涌现的数据源包括连续的时间过程数据、计算机程序化的自我评估报告及采购数据。

各种类型的社会经济数据均可用于对行政管理、空间、时间或文化进行分析。分析对象可以是个人或家庭、语言、经济、宗教团体、政治或行政区域、个人活动、政策行动、集体活动。这些数据也可以通过系统的组合形成指数，如由预期寿命、教育程度、收入措施组合起来形成的联合国著名人类发展指数，该指数可以实现国家层面人类发展的比较。另外一个指标是用于追踪各国在环境问题方面表现的环境绩效指数。

社会经济数据方面的少量研究数据表明，科学家进行多学科研究时正在面临着新类型数据整合与分析的问题。例如，很难将一组城市数据与气象或水文数据结合起来。另外，是否能将基本分析单元定为个人或家庭？（个体可作为最小单元，而家庭可用作终端消费的基本单元。）在此，和许多区域一样，具体情况取决于研究问题的本质。关于数据的访问还存在一些其他问题，如数据搜集工作量大小、个人微数据使用的法律限制，甚至有些政府还存在为了达到其政治、社会及经济目的试图捏造数据的问题。由于不同国家或区域个体和集体行为（如家庭、种族、政治或宗教群体的行为）截然不同，很难利用搜集的某一国家数据绘制未来地球计划在全球范围内的发展概况。因此，社会经济数据的搜集必须具有范围的广泛性和广阔的包容性，同时，获得全球或区域尺度上足够的基准数据过程耗资大且费时，并且还需要与来自许多不同国家的合作者共同工作。

另外，鉴于个人隐私及机密需要保护，搜集到的个人数据往往受到法律及监管控制。这些法律法规通过强制研究者实行其他额外步骤来掩饰个人反应或微观特征，从而导致了数据分析过程的复杂化。但如果隐私及机密控制不到位，或公民对隐私及机密控制的实施失去了信心，他们常通过掩饰自身的反应和行为来保护自己。显然，这将导致数据扭曲，同时削弱科研力量。然而，存在的另一个问题是，在国家层面可通过政治干预控制国家支持的数据搜集及传播过程，使公民或外部组织获得的人口信息是可用的或可以接受的。

该项目侧重于全球可持续发展方面的科学研究，而社会经济数据对于该研究来说将是至关重要的。较之物理和自然科学数据，这些数据在气候、环境、全球变化研究社区方面的特征更加鲜为人知。正因为如此，鉴别社会经济数据与其他类型的科学数据之间的差异，将有利于完成未来地球计划研究、分析及建模过程中社会经济数据及物理/

自然科学数据整合方面的艰巨任务。同时，强调项目数据整合本身也是一个研究课题。

4. 数据政策：国际科学理事会在国际计划方面的经验

在开展跨国研究项目过程中或之后，国际科学理事会在制定和实施数据及信息政策方面已有几十年的经验。国际科学理事会在鉴别科学项目中政策和程序数据的有效性方面，通过举办国际地球物理年、国际极地年和其他项目，以及国际科技数据委员会（CODATA）积累了很多经验。与会科学家及下属团体也在项目研究过程中认识到了在公共数据政策与策略方面达成共识的重要性。越来越多的科学家意识到，当数据存档、数据质量、数据传播及数据保护方面存在广泛被接受的标准时，数据的搜集与分析得到了改善。据国际科学理事会所知，当科学家们正在实施或更糟糕的是已经完成了某一项目研究之后，就很难通过数据管理政策对其进行管理了。

因此，在未来地球过渡期，国际科学理事会期望国际研究计划在研究开始前制定数据政策及制度。若对数据缺乏预期，将很难说服科学家及资助机构支持研究后期的数据活动。另外，对于全球性科学活动方面的有效数据政策而言，还需要培养发展中国家的数据访问及数据管理能力，培养潜在科学数据新用户（尤其是非科学家），并为其数据识别活动提供足够的资金支持。识别能够倡导数据政策的机构和合作伙伴也尤为重要。数据政策应解决 4 个主要问题，包括存档和质量、保存、查阅和传播及成本。

存档和质量：数据管理包括数据存档，数据存档才能方便其他人使用，而数据存档需要对具有科学价值的数据进行质量评估。数据存档属于专业活动，但在研究团队中却经常分配给科学家的学徒处理。要将数据正确存档，就必须由专业数据管理者负责收集、分析，并由该研究数据的科学家严密监督。尤为重要的是，将被后代科学家使用的数据应更好地存档。数据存档过程耗资巨大，但对于资助者来说，在研究经费中提供数据存档资金是很有必要的。

保存：数据保存包括短期或长期数据保留。数据保存还涉及保护科学数据免于随时间推移发生退化，并及时依赖新技术和数据协议完善科学数据。为了研究事物随着时间推移发生的变化，在科学研究中制定数据保存政策对于数据使用尤为重要。要做好数据保存，需要制度支持，以及训练有素的工作人员，以保障数据文件的广泛传播，并制定科学家提交用于归档的数据时应遵循的操作性标准，为数据的存档、保护及存储搭建先进的技术平台。该技术平台还应具备支持当前或未来科学家、数据提供者及公共数据用户公开访问的功能。

查阅和传播：科学界、公众访问及传播未来地球数据对于实现项目目标具有重要意义。由于现今访问及传播已成为电子活动，与发展中国家相比，在发达国家和高科技国家访问及传播更容易实现。较之公共及私营政策部门，科学界人士更容易查阅和传播数据。正因为如此，未来地球可能将建立独立的数据管理系统，分别为科学家和公众提供不同的访问路径。另外，在发展中国家提供数据访问能力培训也将有利于数据的查阅和传播。

国际科学理事会政策对于未来地球计划而言非常重要，该政策将保障所有潜在用户（科学界及公众）拥有平等的数据访问权利，同时数据的获取成本应该最小化，并建议未来地球采取经济合作与发展组织使用公共资金支持研究数据访问的原则。为避免限制数据访问过程中的知识产权问题，未来地球研究中搜集或修改的数据为未来地球及研究者共同所有。

成本：数据存档、保留、访问及传播活动的成本高。通过预期这些活动的消费结构将随着时间的推移发生变化，保存及传播科学数据的财政支持及制度性承诺可能会下降。未来几十年，相对丰厚和广泛的资金投入将促进科学及其机构基础设施的繁荣发展，届时，数据存档、保留及传播系统也将逐渐建立起来，但该系统可能是不可持续的。

因此未来地球需要在创新合作伙伴关系中联合其他组织，以确保现在或未来的科学家、教育家及决策者能访问项目获得的数据及信息。

数据管理各个步骤的成本导致科学家们完成研究后容易忽略数据的存档及保留。未来地球必须试图改变诱因，以避免这种关键科学资源的损失。支持未来地球研究的国家资助机构、多边组织及基金会应致力于提供足够的资金来支持研究数据由科学调查者转移给数据中心或档案馆，并再次承诺为研究数据管理提供财政支持是未来地球的组成部分，应在项目的开始阶段厘清。

5. 国际观测系统、全球综合地球观测系统（GEOSS）及政府信息公开的数据链接

由于建立独立的未来地球数据存档、保留及访问系统成本高且复杂，并且目前已存在出色的组织及机构致力于这些活动，该项目应该尽可能试图与现有数据组织及机构进行合作。在本节及下一节，将探索如何基于现有科学数据基础设施建设而不是重建未来地球数据库。

国际科学研究计划的研究表明，鉴别大规模数据需求、必要数据的获得与研究主题的选择之间的关系错综复杂。显然，个别研究者会针对具体的研究问题寻找所需数据。然而，较之单独行动的科学家，国际重大计划的好处之一是能为科学家提供可利用的资源（资金、科学和数据）。目前，由于研究主题仍在讨论中，研究计划尚未开始，尚不可能确定未来地球需要的数据。当过渡时期完成及正式方案被启动时，对于未来地球计划的研究者而言，鉴别研究所需的基准线及其他数据将变得非常有价值。

在过去，广泛合作能够显著地推进数据获取的实际过程。未来地球应该制定与观测系统及 GEO/GEOSS 合作的计划，以鉴别甚至可能校准有关全球可持续性研究所需的数据集。这将需要国际科学理事会和未来地球针对观测系统及 GEO/GEOSS 建立积极的合作伙伴关系，

并且未来地球可通过 GEO/GEOSS，与在实际中决定数据搜集的各国观测系统进行合作。

确定所需的社会经济数据也同样重要。与物理或生态观测系统相比较，社会经济“观测系统”的运行往往通过不同机构合作得以实现。大部分现有的社会经济数据是由政府统计机构搜集或赞助获得的，其中一些数据是由联合国机构、国家发展机构及世界银行整合的。由于交易数据集对于可持续发展研究具有重要意义，鉴别这一数据集是一项重要的研究课题，但目前人们在这方面还未达成共识。同时，与现有多边组织的密切合作将有助于鉴别所需数据并促进数据的搜集。

6. 数据中心在世界数据系统中的作用

用于未来地球数据管理、维护及传播的数据中心的财政支出已超出预算，而寻求现有科研、大学及数据中心的合作将节约很大一部分费用。并且现有科学数据中心，如国际科联世界数据系统（ICSU-WDS）的丰富经验、资金和制度保障将促进未来地球更好地发展。因为世界数据系统（WDS）已经系统地搜集了地球科学方面的数据，未来地球应该鼓励世界数据系统继续拓展，鼓励重点建设诸如可持续性、社会经济及自然科学跨学科研究主题的新数据中心。

未来地球数据计划应包含许多国家的社会经济数据中心。有些数据中心成立于国际地球物理年（早于世界数据系统），在社会科学数据存档、保存及传播方面历史悠久，并在与国际科学理事会科学项目合作方面积累了一定的经验。因此，未来地球领导阶层有必要了解这些档案，以便于项目洽谈并实现潜在的合作。

与现有数据中心进行合作的优点之一是这些中心数据处理方面的专业人士的相关专业技术水平较高，能出色地处理数据存档、保存及传播过程中的复杂技术问题。是否能将该数据储存在云库中？如果可以，应由数据中心决定，而不是由搜集或分析数据的科学家们决定。

未来地球应构建而不是使用其他的方式拥有自己的元数据目录，自身元数据目录对未来地球具有一定价值，应保证持有未来地球数据的所有数据中心都拥有未来地球元数据目录。

7. 未来地球计划的数据问题

有些数据问题应作为过渡时期的一部分议题来进行讨论。对研究而言，应讨论如何根据时间及地点筛选所需数据、搜集和整合跨学科数据的方法及在科学研究及建模中数据的应用。新数据来源可能包括“有机”数据（创建于其他意图，用于研究用途的）及精心设计专门搜集的两类数据。新数据来源也同样包括来自当代和历史行政和事务资料的数字化数据。第一工作组应该鉴别关键基准数据集在未来地球中的可用性。假如这样需要耗费大量的时间，可以通过广泛讨论与合作来确定未来地球的基准数据集；同时也需要资金支持。因此，应该在早期规划过程对未来地球所需的基准数据集进行讨论，包括与观测系统及 GEO/GEOSS 进行讨论以确定该过程中的合作伙伴。

第一工作组在考虑未来地球可持续发展集成研究分析事宜时，应该考虑数据可用性及必要数据的发展。在方法论上，该项目可能需要鉴别在记录匹配和数据挖掘中需要改进的数据。另外，还需要第一工作组解决的关键问题是探索将特定场地的社会经济、生态数据与全球范围内的物理、气象数据整合起来的方法，在区域、国家及科学领域层面观测和搜集数据能力发展不均一的情况下，探索整合数字和非数字资源数据的方法。

对于非研究性问题，汇总和整合截然不同类型的研究数据，需要考虑国家的隐私与保密限制。最后，必须平衡当前研究数据需求目标与长期未来地球数据遗产（包括科学、教育、政策和基础设施的数据）保护目标之间的关系。另外，在当前和以后至关重要的非研究问题都将是未来地球数据系统的资金来源问题。

第二工作组将专注于制度设计问题。以往经验表明，若研究人员和学生可应用或访问科学数据，必须将数据的存档、质量、传播及长期保存制度化。然而，数据的搜集经验，数据管理、传播与保存能力在不同区域、国家及学科间分布极不均匀。在不采取任何措施的情况下，则默认模式下的数据管理将发展为工业化国家科学家的责任。

公平及科学可持续发展成为突出问题。未来地球研究数据（物理、生态系统及社会经济数据）来自许多国家及区域，发展中国家的科学家应该深入参与研究和数据搜集。由于科学家对国家有关机构和个人具有访问权，所有国家科学家的共同参与将有利于数据质量的提高。但是，有些发展中国家的科学家不愿意免费为其他地方的科学家提供历史的和实时更新的数据集。如果他们能够意识到数据交换将有利于本国发展，其可能更愿意与他国科学家协作。正因为如此，建议未来地球除了致力于在每个国际科学理事会区域中心建立至少一个新数据中心外，应尽可能地利用现有的数据中心。

第三工作组很少直接参与数据问题，其主要负责教育、通信，与利益相关者互动。由于数据对于科学培训、教育、公共教育、监督及政策来说至关重要，该工作组对确保未来地球数据的持续可用性有强烈的兴趣。同时，还应考虑促进地方及国家层面全球可持续发展信息系统的发展。未来地球利益相关者将利用这些信息系统访问获得相关的监测及观测数据。第三工作组负责的教育和培训，应包括对发达国家及发展中国家的数据搜集及管理进行必要的培训。

8. 未来地球计划数据建议概要

（1）建议与国际科技数据委员会、WDS 合作，共同制定未来地球计划数据搜集、维护、管理及传播相关政策，并且这些政策必须在项目开始前到位以保证所有参与者在未来地球计划的网站上可以公开访问这些政策。

（2）未来地球数据政策应针对未来地球研究项目的数据归档问题作出强制性要求，并且未来地球网页上元数据目录中应提供元数据链接。

（3）在可能的情况下，现有数据中心和档案应被用作未来地球数据。依托ICSU的区域中心建立区域一体化的数据运行维护体系，并且集中对数据中心工作人员进行技能培训。

（4）如果科学家没有将可供研究的数据进行立即归档，国际科学理事会世界数据系统应该负责帮助科学家进行数据归档。

（5）数据存档及转移到数据中心的资金支持应该安排在未来地球研究项目的起始阶段，同时应该被当作研究项目资助的常规部分来给予支持。

（6）数据记录与存档工作应该在研究项目结束一年内完成。

（7）在未来地球支持下，应该公布所有研究搜集、修改的数据为研究者和未来地球共同所有。在保障公平性和不超出数据成本的情况下，这些数据可以通过申请获得。

（8）应制定网站建设条款规定，为公共和私营部门用户提供专门的数据访问端口，并向这些非科学用户提供数据库使用说明及未来地球研究链接。

（9）建议把数据集成当作未来地球计划研究项目中一个公认应获资助的研究课题。

（10）在最初规划过程中，应与国际科技数据委员会和世界数据系统讨论未来地球计划各个主要研究领域的数据需求，基准数据集一旦被认为有用，就应该加以鉴别。

（11）有效的全球科学数据还需要提高发展中国家的数据访问和管理能力，培训发展中国家潜在的数据用户，尤其是非科学家用户，识别有益的数据活动并给予足够的资金支持。国际科技数据委员会和世界数据系统能帮助鉴别该领域的机构合作伙伴。

H 未来地球计划过渡时期实施的5个工作包

1. WP1 未来地球计划研究框架的最初设计（研究框架的构建、制度及宣传策略的制定过渡工作）

（1）总体构思和研究框架制定；
（2）制定制度并兼顾制度的区域特色；
（3）构建利益相关者参与、教育和交流方面的框架；
（4）最初设计阶段结束时，撰写报告总结经验，并提出建议。

2. WP2 过渡办法（确保基础管理到位）

（1）为高水平未来地球计划的愿景和成果产出提供或创造一切必要的条件；
（2）明确过渡期后联盟在未来地球计划的任务；
（3）定义未来地球计划中联盟、过渡小组以及相关的外部参与者（如全球环境变化计划）的工作模式；
（4）鉴别个别合作伙伴的角色、职责和资源，使合作伙伴全身心地投入未来地球计划的设计及早期实施中；
（5）聘任全球环境变化现有的共同发起人和主要资助者，支持未来地球计划项目。

3. WP3 资金（确保过渡阶段和初始运行阶段所必需的资金；规划维持业务正常运转的资金）

（1）制定全球环境变化活动（秘书处、国际项目办公室、研究机构）资金决算；

（2）预算并保障未来地球计划过渡阶段的资金需求；

（3）预算并保障未来地球计划初期运行所需的资金；

（4）预算并保障未来地球计划早期用于资助研究的资金需求；

（5）为未来地球计划的全程实施进行资金预算、制定融资战略，并制定财务管理制度；

（6）加大现有投资承诺，确保资金安全；

（7）创造融资机会，发掘潜在资金来源（鼓励外部专家支持这项工作）；

（8）聘任潜在的新投资者介入。

4. WP4 管理（未来地球过渡期以来的管理转型）

（1）长效管理；

（2）定义管理机构的职权范围，考核该机构的适宜性；

（3）建立未来地球计划科学委员会（提名、召集、选择）；

（4）建立未来地球计划利益相关者管理委员会（提名、召集、选择）；

（5）建立未来地球计划执行秘书处（与资助者对话、召集、洽谈、招聘）；

（6）建立所需的任何其他治理机构；

（7）统筹规划管理区域；

（8）建立临时管理机制；

（9）甄别所需的管理机构，制定可供机构参考和考核的标准；

（10）将建立供过渡期使用的临时秘书处纳入规划（认同其角色和职责，制定运行标准）；

（11）建立临时理事会；

（12）建立其他需要的临时管理机构。

5. WP5 建设未来地球计划社区（鉴别关键利益相关者、鼓励其参与，并与其建立合作伙伴关系）

（1）鉴别关键利益相关者；

（2）制定过渡时期实现与利益相关者交流、促进利益相关者参与的策略；

（3）策划全球及区域层面的利益相关者广泛参与的活动；

（4）与关键利益相关者建立战略合作伙伴关系，以支持未来地球的发展；

（5）在过渡时期制订并实施宣传计划（压力下的地球、“里约+20”峰会以及其他）。

I 酝酿成立未来地球计划的相关文件

I1 大挑战：面向全球可持续性的地球系统科学[①]

1. 引言

国际科学理事会（ICSU）倡议动员国际全球变化科学界，借此史无前例的十年研究，支持全球变化背景下的可持续发展。为此，ICSU寻求国际社会科学理事会（ISSC）和其他伙伴的密切合作。当前，人为引发的全球变化的速度和程度已经超出人类的预期，对人类社会和福祉带来越来越严重的威胁。国际科学界亟须拓展知识来预告这些威

① 严中伟、贾根锁、韩志伟译；贾根锁、古红萍校。本文件由国际科学理事会于2010年10月发布。

胁，并对其作出有效应对，以促进全球公正并推进可持续发展的进程。全球变化研究团体在理解地球系统及其中人类活动影响的机理方面扮演了核心角色，并为实现这一目标作出承诺。实现这一承诺必须把重点放在新的优先研究课题以及研究的开展和应用上，以解决全球、区域、国家和局地不同尺度的需求。本文是 ICSU 及其合作伙伴领导的一支国际团队合作的产物，旨在：①确认针对可持续发展的地球系统科学中普遍接受的大挑战；②确认应对这些大挑战所必须开展的优先研究；③动员各个学科（社会、自然、健康和工程）和人文领域的学者共同推进这项研究。

2. 相关机构

ICSU——国际科学理事会。国际科学理事会成立于 1931 年，是一个全球性的非政府组织，它的成员包括国家级科学联合会（121 个成员代表，141 个国家）和国际科学协会（30 个成员）。ICSU 大家庭还包括 20 多个针对特定研究领域成立的跨学科组织，ICSU 主办或协办的跨学科组织包括 4 个全球环境变化研究计划：世界气候研究计划（WCRP）、国际地圈—生物圈计划（IGBP）、国际全球环境变化人文因素计划（IHDP）以及国际生物多样性计划（DIVERSITAS）。借助此国际化网络，ICSU 协调跨学科研究以应对有关科学和社会的重大问题。此外，ICSU 积极倡导科学行为自由，推动科学资料和信息公平获取，促进科学教育和能力建设。（www. icsu. org）

ISSC——国际社会科学理事会。按照 1951 年联合国教育、科学及文化组织的大会决议，国际社会科学理事会成立于 1952 年。这是首个全球社会科学组织，是代表世界上主要的社会、经济和行为科学的机构和团体。ISSC 的使命是推进全世界的社会科学的质量、创新性和实用性，并确保其具有全球代表性。为了提升全球社会科学的影响力和权威性、容纳能力和连通性，该理事会将作为催化剂、促进者和协调者，把世界各地的研究人员、学者、投资者和决策者联系在一起。(www. icsu visioning. org. international)

远景规划方法及任务小组。通过与 ISSC 协作，ICSU 正在主导三个步骤的咨询工作，促使科学界探讨可以鼓励科技创新和应对政策需求的地球系统研究整体战略的各种可能性，并提出实施步骤。第一步的重点在于确定亟待解决的科学问题；第二步的重点放在支持研究策略所需的机构框架；第三步将探讨如何从目前的科研方法过渡到所需的科研方法。远景规划工作始于2009 年2 月并由一个任务小组指导，该小组成员包括：Johan Rockström（主席，2009 年 9 月始）、Walter Reid（主席，2009 年 2 ~9 月）、Heide Hackmann（ISSC）、Khotso Mokhele（2009 年9 月前）、Elinor Oström（2010 年2 月始）、Kari Raivio（ICSU）、Hans Joachim Schellnhuber 和 Anne Whyte。(www. icsuvisioning. org)

3. 概述

地球系统特指决定地球（包括其中的生物群和人类）状况和动态的社会和生物物理分量、过程及其相互作用，而地球系统的研究已来到一个转折点。过去二十年来，人们的研究主要侧重于理解地球系统的功能，特别是人类活动对该系统的影响。科学发展到今天，人们对人类的行为如何改变全球环境有了基本的了解，并对这些变化将如何影响人类社会和福祉有了更多的认识。这些研究在了解决定地球的功能和适应力的生物物理过程、地球系统各部分的敏感性、人类活动引发的全球环境变化加速的证据、这些变化可能带来的后果，以及如何应对这些挑战的人文因素等多方面提供了宝贵的见解。

这门科学还告诉人们，目前全球环境变化的速度大大超出了人们的反应能力，因此，当前的发展道路是不可持续的。由于缺乏积极的行动来减缓危害全球气候变化的驱动因素并提高社会的适应力，人类已到达一个历史关头，即那些发生在气候、水循环、粮食系统、海平面、生物多样性、生态系统服务以及其他因素方面的变化将阻碍人类的发展，导致人类遭受与饥饿、疾病、移民和贫穷有关的大灾难。如果不加以控制，这些变化将延缓甚至阻碍人类广泛共享的经济、社会、环境和发展目标的实现。

现有知识为人们采取重要行动以应对这个转型世界的特定部分和要素提供了必要的基础，但是还不足以达成一个系统的解决方案。如何才能改变人类行为，重塑政治意向，促使减少温室气体排放目标的实现，进而避免具有危害性的气候变化？人类社会如何才能最有效而又公平地应对正在发生的全球变化？如何在消除极度贫困和饥饿的同时达到环境可持续的目标？

国际科学界承诺传播用以解答这些关键问题所必需的知识。但为实现这一承诺必须重新聚焦优先研究领域，重新定位新的研究前沿领域。人们将不得不面临双重挑战，即一方面要发展应对全球变化的方案，另一方面要加深了解地球系统的功能及其关键阈值。这需要新的研究方式，更好地将科学与社会联系起来，以应对全球、区域、国家和局地等尺度上的决策者和公众的需求。

在未来的十年里，全球科学界必须迎接挑战，传播支持全球环境变化背景下可持续发展所必需的知识。为进一步认识人类面临的社会-环境风险，也为实现可持续发展的行动提供科学支持，需要面向解决方案的、战略性的和跨学科的长期研究。人们迫切需要加深了解地球系统在人类活动压力下的运转机制，提高预测未来风险模式的能力。人们需要充分发挥并集成各类学科（社会、自然、健康和工程）和人文领域的专业优势，并将其应用于有关人类和地球系统相互作用的社会-环境耦合研究。

当前人类正处于一个全球社会-环境研究的焦点和尺度转型的关头，同时一系列相关单一学科及其研究过程也急需转型。

从自然科学主导的研究转变为有广泛的科学和人文领域参与的研究。社会科学长期以来就是地球系统研究的一部分，但要解决本文提及的重大挑战，还需进一步在科学体系中强化社会科学、健康科学、工程和人文领域的介入和整合。人们日益清晰地认识到，有效应对迅猛的全球变化的途径，只能来自于整合科学和人文领域的需求，正是这些需求将导致所涉及的现行单一学科发生显著的变革。转型还需吸纳局地的、传统的乃至土著的知识。

从单学科主导的研究转变为更加平衡的多学科集成研究，以及从依赖单学科专长到一个促进多学科和跨学科的整体方案的研究。要解决重大挑战，必须植根于专业研究，但专业研究本身还不够。很多优先研究课题只能通过有效的多学科综合研究加以解决。进一步地，毋庸置疑，研究进展以及科学成果在社会和决策者中的有效应用都易于通过跨学科研究而得以强化，即要强化非专业的利益相关者介入研究过程的程度。如果优先研究是通过成果的潜在应用者积极参与而形成的，或者研究是在科学家和用户信息双向交流中开展的，那么该研究通常也是最有用的，其成果也最易于被用户所接受。广泛的利益相关者的参与实践，有助于有效应对全球环境变化。

上述提议的多学科集成及其研究过程转型是必需的，因为它们将引入更多专家意见以制定和提出优先研究课题，确保优先研究与利益相关者有关，并且研究问题的答案更明确。

鉴于这些紧迫的需求，围绕未来的 10 年研究计划，ICSU 倡议动员全球研究人员来应对那些重大挑战。寻求重大挑战和优先研究共识的努力始于 2009 年 7 ~ 8 月的一次互联网咨询[①]。这次网络咨询收到了来自 85 个国家的专家、学者所提出的 300 多个地球系统优先研究课题建议。基于所提出的这些研究命题，ICSU 于 2009 年 9 月召开了一次研讨会，参与者包括高级研究人员、青年科学家、科学政策专家和研究基金会的代表。研讨会就选择标准、重大挑战、优先课题，形成一

① 关于咨询过程的详细信息请参见：www. icsuvisioning. org/the- visioning- process。这一互联网咨询吸引了来自 133 个国家的 7000 多名访问者以及来自 85 个国家的 1000 多名注册用户的参与，他们提出问题、参与讨论，并就问题投票表决，最终有 323 个优秀地球系统研究问题被提出。

份文件草案，并在2009年12月至2010年3月期间进行专家评审。本文采纳了来自46个机构和200多名专家、学者的评议。

本文介绍一个被广泛认可的、针对未来十年的地球系统科学优先领域的展望。其目的包括：①动员国际科学界更加高效地参与，特别是号召更广泛的社会科学界的参与；②激励创新研究并指导科学家、研究基金会代表和政策制定者优化研究命题；③向潜在用户传达可能来自科学研究的新发现，包括类似联合国政府间气候变化专门委员会（IPCC），以及私企和政府决策者的技术顾问。本文的读者还包括那些利益相关者的代表，他们曾参与文件的制定。

4. 入选标准

采取如下标准来筛选重大挑战及相关优先研究课题。

（1）科学重要性。它是解决前沿性研究的挑战，即如果解答了此课题，将在下个10年内显著提高人们对于全球变化背景下如何实现全球可持续发展的认识。

（2）全球协调性。为解答该课题，是否需要协调国际或全球来自不同地区、不同领域的众多研究者的协作？如果答案是否定的，则该问题在此不予考虑（即使对特定领域很重要，也不在本文讨论范畴内）。

（3）决策关联性。对于该课题的解答可能有助于促进行动以满足紧迫的全球社会和生态需求，即推进可持续发展、减少贫困、帮助应对全球变化中的最脆弱者。

（4）杠杆效应。该课题的解答蕴含某种科学或技术突破，抑或其将产生某种易于解释的理论、模型、情景、预估、模拟或叙述，以帮助诠释针对全球可持续发展的地球系统科学中的多元问题或其他挑战。

上述标准被用于筛选主要挑战及优先领域，但在遴选五个重大挑战时还考虑了第五项标准，即各重大挑战是否获得科学界以及研究基金（即便是那些并非直接介入相关研究的）的广泛支持？本文所述的每个重大挑战都是易于被大众预见的到的、为推动全球可持续发展所必须面对的基础性问题。对于优先科学命题的遴选，本文也增加了一条关于研究可行性的标准，即是否可能在未来 10 年解答问题？当前人类社会已具备解答本文述及的每个优先课题所需的科学基础和方法，但要成功，尚需更充分的资源和有效的国际学术界的协调以确保集中力量解决问题。

5. 大挑战

与其他科学领域采用大挑战的概念一致，本文认为地球系统科学中全球可持续性的重大挑战要求通过科学创新或新认识来清除实现可持续发展的关键障碍。本文列出 5 个大挑战，而且在每个挑战里面列出几个必须在下个 10 年解决的研究重点问题，在解决大挑战提出的问题上取得重大进展。列出的研究重点问题虽然不够详尽也不一定充足，但是本文认为为了取得最快的进展必须优先解答这些问题。几乎所有情况下，那些筛选出的优先研究领域已经有相当深的研究和知识储备，因而完全有可能在不到 10 年的时间内取得实质性的进展。然而，所有问题都得到解答是很难做到的。有一些大的和困难的问题需要一个集中的、多学科的和集成的研究以增加成功的概率。

所筛选出的挑战来自不同领域，但都可以视为一个系统方法的要素，用于探讨这个社会–环境耦合系统如何变化（包括人和环境的动态反应），以及什么行动和干预可以改变环境和社会（附图 I-1）。大挑战采用的方法是一个从研究视角出发的系统方法，即完整的社会–环境全球系统而不是系统中某个单独的部分。它们采用的另一个系统方法是研究如何指导行动才能实现全球可持续性，即任何一个挑战的解决都必须依赖于在解决其他挑战方面取得的进展。

所以，这 5 个重大挑战是不可分割的，而且这些议题在重大挑战中没有哪个更优先，任何一个挑战和研究问题的进展都是迫切需要的。

科学界具有找到应对这些挑战的方法的能力，但他们需要与本学科以外的同行一起努力。

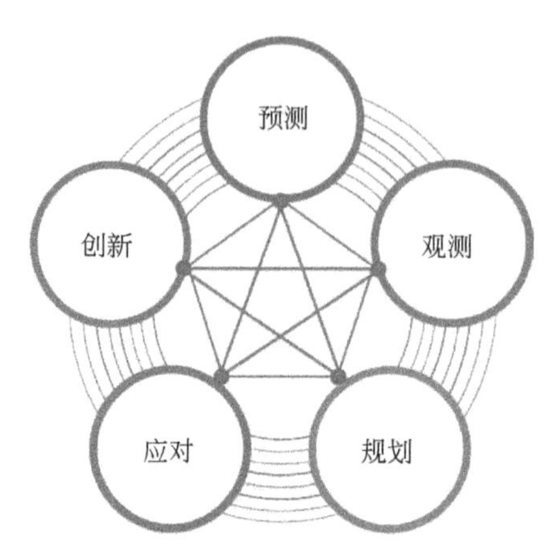

图 I-1　地球系统科学中面向全球可持续性的大挑战

注：同心圆代表为了应对这些挑战需要开展的涉及社会、自然、健康和工程科学以及人类学的跨学科研究。连接大挑战的线表明要在解决任一挑战方面取得进展将要求在每个挑战的解决上都取得进展

挑战 1：预测

提高未来环境预测的实用性和对人类的贡献。

优先研究问题：

（1）哪些显著的环境变化可能是由人类活动导致的？这些变化如何影响人类，以及人类如何应对？

（2）全球环境变化给脆弱群体带来什么样的威胁？什么样的应对措施可以有效地减少那些群体的伤害？

本文认为一个“有用”的预测是在时空尺度上顺应社会和决策者需要的、及时的、准确的和可靠的信息。人们对于复杂多样的人类社会与同样复杂的自然过程之间相互作用的有限的预见能力是及时有效的决策行动的巨大障碍。虽然人们从未准确预测超过几十年的社会-环境耦合系统，但完全有可能利用情景模拟来有效预测一系列人类活动或状态（人口规模、消费水平、温室气体排放、森林采伐、扩张的农业生产）对全球和区域气候以及生物、地球化学和水文系统产生的影响。因此，评估这些环境变化对人类的潜在影响（经济、健康、食品安全、能源安全等）和人类对这些变化的潜在应对能力现在仍有待提高。这种预测和评估必须针对可能受影响人群的需求和问题，并且对于预测的不确定性必须定量化并清晰表述。

回答这里提出的研究问题主要需要新的科学行动来建立预测地球系统变化的能力。它包括发展一套新的可以预测人类在全球、区域、局地对地球系统影响的地球系统模式。这将要求对高度关联的地球生物物理系统及其与全球环境变化的人文因素耦合（驱动和影响）的集成分析必须取得重大的科学进展。这将依赖于地球系统研究的持续进展和地球观测系统的改进和加强。

科学目前还不能有效地预测地球系统应对耦合的社会-环境复合体产生的压力。总的来说这是人类的一大困境。人类正把地球系统推向一个可能导致突发的、潜在不可逆转的和灾难性变化的风险。尽管地球系统科学在过去的十年有重大进展，但人为改变所带来的不确定性和风险仍然很高[①]。人类继续沿着一条不确定和有风险的昏暗之路发展，如果科学界不加提醒，决策者和整个社会都会设想这个星球的稳定还会继续。目前的科学证据预示着继续走这样的发展道路太危险了，人们迫切需要增强分析和理解人类面临的全球环境变化风险的能力。人们判断在较短时间内完全有可能显著改进集成模式以有效预测地球系统对人为压力的响应，但在未来十年国际学术界必须为此共同努力，以应对这一重大挑战。

我们需要大大提高预测的能力以在可能框架内实现一系列进展，包含自然和社会系统的动态应对，提供合适的时空尺度上的结果以评估对经济、生态系统和人类的影响。这方面的研究进展将要求进一步理解和模拟基本物理现象，进一步提高模拟能力（包括发展超高性能

附录

---

① 大气中二氧化碳水平加倍会引起全球平均温度提高1.5～4℃，尽管大气圈和平流层的研究已经有了很大的进展，并且全球气候模型中包含了水圈和生物圈，但是气候对二氧化碳敏感性的不确定性以及范围在过去的20年仍然居高不下。

计算基础设施)，引入古气候和关于社会和行为应对的历史信息和一个更多学科分析网络。通过应对这些挑战，全球和区域环境变化的模拟和分析研究就可能在全球和区域尺度，在政治和管理决策的典型时间框架内为政府决策和管理提供直接的支持。

全球环境变化给人类带来的后果将因为影响的地理位置不同和群体脆弱性的差异而产生区域和社会的差异。预测能力改进中必须要重点关注什么样的群体最易受到全球变化的危害，全球变化对那些群体会产生什么威胁，以及不同的适应和减缓措施带来的潜在后果。这些群体将受到全球变化带来的最大的影响，所以，要求科学界为决策者和社会减轻这些影响的行为提供指导。

这里需要回答的关键问题包括：年代尺度上区域气候将如何变化？其他生物地球化学循环（如氮、磷）或增加的有毒污染物将对环境和健康产生哪些影响？全球环境变化带来的社会、经济和健康影响如何在不同区域和社会之间变化？需要什么适应对策以减少对全球环境变化的脆弱性？何时人类的个体行动能聚合以对更大区域或地球系统产生影响？生态系统和生物多样性的变化将如何影响生态系统服务功能和人类福祉？服务和人类福祉之间存在什么相互抵消关系以及是否有政策会减少这种相互抵消带来的不利后果？需要何种和什么层次的生物多样性来减缓环境变化对生态系统功能的影响？

挑战 2：观测

发展、改进和集成必要的观测系统以管理全球和区域环境变化。

优先研究问题：

（1）在耦合的社会-环境系统中，为了应对、适应和影响全球变化，人们需要观测什么，在什么尺度观测？

（2）一个适用于观测和信息交流的系统的特征是什么？

大量的投资正被用于建立更有效的全球和区域观测系统并纳入有效的国际协调体系［通过如全球对地观测系统体系（GEOSS）的管理］。但是这些系统，除了提供一个基准外，仍缺乏人们所需要的必要信息。现在为全球尺度上社会-环境系统和信息决策系统的管理所提供的信息还不充分。用于理解耦合的社会-环境系统和预测变化的理论、模式、情景、预测、模拟或集成对比的进展受制于有限的数据，而这些数据是设定参数和检验预测结果所必需的。而且，缺乏关于社会-环境系统变化的经验数据会严重影响决策者和公众建立适当的应对突发威胁的措施和解决弱势群体的需要。

为了应对挑战，需要一个强大的数据和信息系统，它可以合成过去几个世纪以来获得的数据和知识以及新的观测和模拟结果以提供一系列、集成的多学科数据集、指标体系、可视化数据产品、未来情景和其他信息产品。保证过去和未来的，特别是社会学范畴数据的广泛使用是一个不可忽视的关键挑战。

观测、数据存储和信息系统需要：自然和社会特征；有足够高的分辨率来探测系统性的改变；评估脆弱性和恢复力；包括多种信息来源（定量的、定性的和描述性的数据和历史记录）；提供直接和间接驱动变化的信息；研究中包含多重利益相关者；全球和局地有效的决策支持；作为适应决策过程的重要部分；提供完全开放的数据使用；有效的投入产出。它们将包括关键性的数据需求，如丰富的关于变化的时间序列信息：①土地覆盖和土地利用，生物系统，空气质量，气候和海洋；②地下和地表淡水量和质量的空间分布和变化；③生态系统服务的经济价值、存量和流动性；④感知的和实际的人类因素的变化趋势（特别是那些传统上无法度量的，如市场定价的自然物品）；⑤社会-经济指标，包括人口分布、经济活动和流动性；⑥人类对于政策、技术、行为和实践的改变的应对方式；⑦应对策略有效性的经验性估量。这样一个系统的设计需要回答以下问题，即局地和区域变化如何能被准确和有效地测量以提高对全球变化的评估能力，反之亦然。整体设计应该包括一个过程和制度管理以使观测系统通过评估和政策改进来不断调整和完善。

这个挑战既是研究的挑战也是科技政策的挑战。根本的科学问题需要在可以满足管理者和决策者需求的有效的系统设计中解决。另外，这个系统的实施不是一个研究挑战，但是要取得成功，依然需要科学界持续和共同的努力，甚至超越本文计划的时间跨度。

挑战3：规划

决定如何预见、认识、避免和管理破坏性的全球环境变化。

优先研究问题：

(1) 社会-环境耦合系统中的哪些方面具有有害后果的显著的正反馈风险？

(2) 人们如何识别、分析和追溯是否接近阈值，以及社会-环境耦合系统停止运转的临界值？

(3) 什么样的预防、适应和变革策略可以有效应对突发变化，包括大规模连锁的环境事件？

(4) 如何有效增进关于全球变化风险的科学认知，以及最有效地利用这些认知来促进和支持决策者和公众采取合适的行动？

人为干预将越来越有可能触发全球环境高度的非线性变化。这种变化可能是突发的或是缓慢的，但在所有情况下都将改变有关的生命支持系统的特性，并且在人类时间尺度上是不可逆转的。例如，区域气候的重要转变、冰原的迅速瓦解、与冻土融化和海洋变暖相关的甲烷释放、生态系统功能和结构上不连续的转变。反过来，上述变化以及降雨的减少和土壤肥力的降低最终导致产生环境难民，这样逐渐积累的环境变化会导致社会系统中破坏性的变化。此外，一个联系愈加紧密的世界在能源、财政、食物、健康、水和安全这些似乎不相干的范畴里产生相互联系的趋势和突发事件。公共政策和社会经济制度的设计很少会考虑这些人为因素造成的渐变和质变。

一个迫切的科学挑战是了解其中的非线性动力学。这将特别要求未来环境科学与复杂性科学的结合，这两个领域迄今已经各自得到很大的发展。为了将全球变化限制在可容忍的范围内，人们必须找到和追溯地球变化的阈值（如海洋酸化的临界值）。而为了避免累积性的影响最终导致系统进入危险状态[①]，人们必须找到最佳的办法以提高对破坏性变化的恢复力。研究的一个焦点必须是更好地确定针对社会–环境系统的预防、适应或变革策略以适应由于速度、尺度、非线性、累积性影响、自我扩增性或不可逆性导致的危险变化。这样的研究还可以指导社会应该采取哪些行动来提高对于自然和人类导致的灾难的恢复力。对于适当的应对和适应政策的研究不应仅局限于“最佳”方案研究，而是要增进对于政治和社会动态反应的认识。例如，尽管分析人士为确定预防危机的最佳政策做了最大的努力，但危机发生时政策被迫改变的现象绝不少见。这对设计和促进应对决策意味着什么？另外，一个最令人激动的任务将是找出是否存在确定的社会临界点，即可以将经济引擎和社会动力学带入可持续性的开拓性行动。

挑战4：应对

确定什么样的制度、经济和行为的改变可以有效达到全球可持续性。

优先研究问题：

（1）什么样的制度和组织结构对于平衡局地、区域和全球尺度上社会–环境系统中的各方利益是有效的，如何实现？

（2）在全球环境变化的背景下，经济系统中怎样的变化将对全球可持续性贡献最大，如何实现？

（3）在全球环境变化的背景下，对生活方式或行为进行怎样的改变可以对改善全球可持续发展具有更大贡献？如何实现？

（4）制度管理如何能优化和动员有效社会资源以在快速变化和多种多样的环境条件和全球环境面临增长压力的情况下减缓贫困、解决社会不公和满足发展需求？

（5）控制全球环境变化的需求如何与其他相互联系的全球政策相互支持和集成，特别是那些与贫困、冲突、公正和人类安全相关的全

① 这些都不是危险的全球变化的唯一类型，长时间、线性的、微小的全球环境变化都将会给人类带来危险的影响；大挑战1和大挑战4适合于解决这些影响；大挑战3负责解决多个不连续的或突变的风险。

球政策？

（6）如何在多重尺度上动员有效的、合法的、负责任的和集体智慧的环境解决方案？需要什么来促进对相应的制度、经济和行为变化的接受？

全球变化暴露出社会制度的缺陷，包括行政和经济系统对出现的全球（和局部）问题的响应。全球变化的时空尺度与人类过去业已习惯的问题完全不同。目前决策者偏向短期和个人的利益胜过长期和集体的利益。解决全球变化的问题，包括不可持续的资源使用、全球共有资源污染、由于人口和人均消费的增加而导致的资源需求增长、不断加深的人与人之间的不信任，以及日益严重的贫困问题等，要求科学界进行深刻变革以解决管理、经济系统和行为中的根本问题。

为有效应对全球变化，需要对全球环境变化、全球贫困和发展需求、全球公正和安全相互之间的关系有更好的理解。例如，全球变化将如何影响人们实现防止和根除贫困、饥饿以及改善人类健康的目标？全球变化如何改变世界可持续发展的议程？

决定如何实现社会组织、制度管理和人类行为的变化很重要，而认清人们需要何种变化同样重要。许多情况下，成功的制度变化是由应对挑战的集体社会行动带动的。如何在空前的、多样的地理和地缘政治尺度上采取适时的行动，在这里问题的性质决定了利益相关方高度的多样化。这种多样化表现在道德、情感、精神信仰、信任程度、利益和权力等方面。人们如何更好地理解社会中个体的决定对整个群体决策的影响？如何更好地理解影响个人行为、价值和感受的因素以及这些价值和感受如何影响与全球变化和潜在集体行动有关的个人行动？必须认识到个体的行为和决定与群体决策在环境响应和决策方面同样重要，这意味着新的科学知识在基层的广泛传播尤为必要。这样的信息可以影响个体，而这些个体会将这些信息与其他因素，如制度和政策，合并来作出决定，然后一起影响社会和环境。

挑战5：创新

鼓励在技术发展、政策和社会响应方面的创新（配合有效的评估机制）以实现全球可持续性。

优先研究问题：

（1）需要何种激励机制来加强技术、政策和机构创新的系统以响应全球环境变化，有什么好的激励模式？

（2）如何在以下关键领域满足创新和评估的迫切需求？

如何完全通过可再生能源来实现全球能源安全，同时对全球可持续性的其他方面具有中性影响，以及在什么时间框架内实现？

如何在未来半个世纪满足人类对紧缺的土地和水的竞争性需求，同时显著减少土地利用导致的温室气体排放，保护生物多样性，并维持其他生态系统？

如何在全球可持续性框架内使生态系统服务满足提高世界最贫困地区和发展中地区人民的生活的要求（如安全饮用水和废弃物处理、粮食安全和日益增加的能源消费）？

需要在交流方式上做哪些改变来加强反馈和学习过程，以提升公民和官员的能力，同时提供面向科学家的快速有效的反馈途径，以便用观察到的地方实际情况来验证其研究发现和理论的可应用性和可靠性？

应对气候变化的地球工程措施的潜力和风险是什么，以及需要设立何种地方和全球机构来监督他们？

这些前所未有的挑战要求有新的快速的创新响应。很多重大挑战对面向解决方案的研究提出需求，而事实越来越清晰地表明，全球环境变化的尺度和潜在影响使人们有必要在不同层面上考虑完全新型的技术、机构和政策。

为此，在几个方面特别需要引起研究者的关注。

第一，很显然需要对能源生产和消费系统彻底改革以避免危险的气候变化。需要通过研究来确定和开发能源生产、计量和消费的新系统，并评估这些系统对环境和社会的影响。

第二，基于目前农业产量的增长率和用水效率的提高情况，很难在未来半个世纪满足如下需求：① 不断增长的人口（以及富裕人口）的食品需求；②不断增加的农业和城市对淡水的需求；③ 减少土地利用和农业生产引起的温室气体排放的需求；④ 生物燃料生产的潜在增加需求；⑤ 减缓生物多样性和森林的损失的需求；⑥ 提升生态系统服务的需求。解决这些问题的可行方案是什么？可以采用的各种政策、技术或者基于生态系统的管理策略的成本、效益和风险是什么？

第三，解决贫困问题与解决全球环境变化问题是密不可分的：它们同等重要并且紧密耦合。贫困人口受全球环境变化的危害最大。必须强调的是，解决全球环境变化的同时有助于预防和消除贫困，反之亦然。

第四，为了对全球环境变化的挑战作出快速反应，必须切实提高人类的学习能力，而这需要更有效的多尺度反馈循环机制。其中一个加剧了全球环境变化挑战的因素是，人类影响全球环境的时间尺度（从年到世纪）不提供针对公众和决策者的即时反馈信息。必须建立一种机制来实现全球变化慢变量和人类响应快变量之间的反馈。同时需要良好的沟通和反馈以促进快速的解决方案的实施以及各个社区和社会的相互学习。而科学界需要建立行之有效的方法来促进研究成果在现实世界的应用。

最后，目前有大量的工作正在进行以探索诸如地质工程和绿色能源技术的创新方法。如何富有责任感地促进这些创新？如何充分评估这些全球环境管理的风险？虽然需要整体研究应对气候变化的各种政策、机构和行为变化，但更加需要关注各种有关地球工程的成本、效益和风险，以及实施这些措施所必需的监管和评估机构安排。

在这些重大挑战指导下的主要研究成果是在全球环境变化背景下实现可持续发展的知识基础。这个知识基础以及开发的过程，应该对减少全球贫困和增进全球公平作出重大贡献，同时不会显著加重环境压力。这些研究也会产出如下具体成果。

提高对区域和次区域尺度上全球和区域环境变化潜在后果以及为减轻或适应这些变化的不同的行动可能带来的影响的科学认识。(挑战1和挑战2)

提高对区域和次区域气候、食品安全、健康和环境风险，以及可利用水资源的预测精度。(挑战1和挑战2)

加深对减缓和适应战略的潜在后果、成本、效益和风险的科学理解。(挑战1和挑战2)

确定地球系统中有关地球物理、化学、生物和社会等变量观测的优先需求，并设计一个传递这些信息的系统。(挑战2)

一个预测与全球变化相关的高强度、突发性或者非线性变化发生的可能性、地理位置、驱动力、剧烈程度以及风险性的框架。(挑战3)

对迫在眉睫的危险变化作出有效响应的实践和机构选择。(挑战3和挑战4)

进行机构、规程和实践方面的设计，来整合不同的利益集团，关注势力不对等问题，进而推动一致的行动。(挑战4和挑战5)

促进与全球环境变化管理有关的社会和技术创新的政策与实践选项。(挑战5)

探索实现全球可持续性的替代战略的成本、效益和风险的方法。(挑战5)

新的科学研究方法（包括集成研究手段、合作共享的实践与协作）和成果交流方法，可以有效地让有关各方通过科学研究过程获得采取行动的必要能力、信息和积极性。(所有挑战)

增强开展多学科和跨学科研究的能力，包括培养能够用系统手段来研究全球可持续性挑战的新一代学者。(所有挑战)

6. 行动呼吁

本文是一个设定议程的咨询工作的成果，旨在指导和激励从现在开始的未来10年全球变化和全球可持续性研究。因此，这是一份“具有生命的报告”，它会随着新的利益相关者的积极参与而不断改进和完善。随着这个设定议程过程的不断推进，不仅需要来自各界对于具体科学问题的意见和建议，而且需要加强创新手段，包括对研究机构的日常管理和决策过程进行变革，以便更加适应跨学科和多学科研究的需要。

人们完全有可能在未来10年中在迎接上述挑战和优先研究方向上取得重大进展，但前提是必须改革现有的国际研究框架以促进交叉学科研究，打破科学领域壁垒，强化研究的区域性特征，同时加强与决策者和其他利益相关方在引导科学问题和传播研究成果方面的有效互动。而且，实现进展必须依靠广泛的资源——比起过去20年的工作具有更广的视野和对各类研究机构的更大包容性。

这需要来自研究机构和研究支撑部门的共同承诺。在接下来的一年中，参与这个咨询工作的专家们将寻求建立一个科学家、科学研究机构和科研资助部门的同盟，以便跨学科和跨地域系统性地协同工作，来共同探讨大家公认的对这个星球的可持续性至关重要的优先研究问题。这个合作对所有参与其中的人来讲可能是充满变革性的，而其目标将远远超越科学本身。

7. 背景

1）国际科学理事会和国际全球环境变化研究计划

在启动第一个全球环境变化计划30年后的今天，人们发现地球正处于一个前所未有的状态。过去的研究已经在理解地球系统的复杂性和脆弱性方面取得了许多进展，然而人们越来越清晰地发现科学界需要更加关注在不同尺度上影响全人类的复杂的社会-生态相互关系。科学研究发现地球环境正在发生全方位的变化，这在很大程度上是由于人类活动的驱动。这些重大科学发现绝大多数来自于积极参与全球环境变化几大计划的科学家，这些计划包括：国际生物多样性计划（DIVERSITAS）、国际地圈-生物圈计划（IGBP）、国际全球环境变化人文因素计划（IHDP），以及世界气候研究计划（WCRP）[①]。ICSU 是这四大计划唯一的共同发起组织，并且在全球环境变化研究领域有着悠久的历史[②]。2001 年，这四大全球环境变化研究计划联合在地球系统科学联盟（ESSP）的旗帜下，以期在几个关键领域，包括碳、食品、水和健康，推动国际交叉学科的研究。四大计划和 ESSP 在规划和协调国际全球环境变化研究方面的领导地位得到广泛认可。

对 ESSP、IGBP、WCRP、IHDP 一系列最新的评议充分肯定了其在国际研究和政策评估方面的重要贡献，尤其是在气候和生物多样性领域。这些由主要发起机构共同完成的评议清晰地指出，科学界必须向实现全球可持续性的通盘战略迈出坚实的步伐，以促进科学创新和满足决策需求。直接推动这个《面向全球可持续性的地球系统科学：重大挑战》报告的 ISCU 全球可持续性研究的科学展望（visioning）过程正是源自这些评议。

通过国际社会科学理事会（ISSC）和其他伙伴的配合，ICSU 正在根据其大会的决议（2008 年 10 月）来引领一个广泛的征询意见过程，以制定地球系统研究的总体框架。远景规划的过程分 3 个步骤，其侧重点分别为：

（1）主要针对但是不限于科学界，征询关于未来 10 年研究战略和

① 本附录的范围仅限于国际科学理事会主办或协办的机构会务组织。他们不是唯一的实施、协调和监控全球可持续发展相关研究的组织。更广泛的机构将在本文中所描述的研究的实施中起到至关重要的作用。

② 1979 年，国际科学理事会（ICSU）与世界气象组织（WMO）共同发起了第一次世界气候会议，发起并于 1980 年成立世界气候研究计划（WCRP）；1993 年，联合国教育、科学及文化组织（教科文组织）政府间海洋学委员会（IOC）也成为其中一个发起人。基于科学委员会在 20 世纪 70 年代和 80 年代早期关于环境问题的研究，1986 年国际科学理事会（ICSU）发起国际地圈-生物圈计划（IGBP）。国际全球变化人文因素计划（IHDP）与国际社会科学理事会（ISSC）成立于 1996 年，联合国大学（UNU）在 2007 年成为共同主办方。国际生物多样性计划（DIVERSITAS）最初由国际生物科学联合会（IUBS）、环境问题科学委员会（SCOPE）和联合国教育、科学及文化组织（UNESCO）于 1991 年共同发起，1996 年，ICSU 作为共同主办组织加入。

优先领域的建议（2009 年）。

（2）征询关于未来推动以上优先研究的机构框架的建议（2010 年 6 月）。这次会议邀请了全球环境变化几大计划的共同发起机构和联合国环境规划署（UNEP），以及计划内外主要的资助机构和重要人物。会议之前还组织了公众开放论坛。

（3）实现由现有计划框架向一个更满足需求的框架的过渡（2011 年）。在科学展望意见征询过程中 ICSU 没有任何预设立场，其最终目的是推动整个可持续性科学界共同聚焦到最紧迫的社会问题上。

2）定义

社会–环境耦合系统（coupled socio- environment system）：一个由社会和生物物理子系统紧密结合的系统，系统的状态和对外力的响应都取决于两个子系统的协同。

地球系统（earth system）：由物理、化学、生物和社会组分、过程和相互作用构成的统一体，它们共同决定地球的状态和动态变化，包括生物界和人类。

生态系统服务（ecosystem services）：人类从生态系统得到的利益，包括提供物质（如食物和水）、调节服务（如洪水和疾病控制）、文化服务（如精神和旅游），以及支撑服务（如维持地球生命的氮循环）。

食品安全（food security）：当所有人在任何时候拥有用于满足其积极健康生活所必需的充足、安全和营养的食物时，食品系统达到的状态。

全球变化（global change）：由自然因素或者人类活动导致（或者强烈影响）的生物物理环境变化以及与之相关的社会、机构和人类福祉的变化。这些变化要么产生在全球尺度，要么产生在局地尺度，之后扩展为全球现象。

全球环境变化（global environmental change）：由自然因素或人类活动导致（或者强烈影响）的生物物理环境变化。这些变化要么产生在全球尺度（如大气二氧化碳浓度的升高），要么产生在局地尺度，之后扩展为全球现象（如土壤退化）。

人类福祉（human well-being）：取决于具体情形的一种状态，包括满足人类美好生活的基本物质、自由和选择、健康和身体福祉、平等和互信的社会关系、安全，以及平和的心态和精神体验。

交叉学科研究（interdisciplinary）：多个互不关联的研究学科以一种跨学科界限的方式组织在一起开展研究，以创造新知识和新理论来实现共同的研究目标。

缓冲性（resilience）：生态系统能够在一定阈值内面对扰动自我调节以保持结构和功能的能力。缓冲性取决于生态动力学以及理解、管理和响应这些动力学的组织和制度的能力。

可持续性（sustainability）：是满足当代和当地人的需求，不以牺牲未来几代人和其他地区人们需求为代价的一种状态。

系统方法（systems approach）：将各个单独组分看作一个整体系统中的部分的研究方法，它假设一个系统的各个组分被放在相互关联的体系中比孤立地研究更容易加深理解。

跨学科（transdisciplinary）：将互不关联的研究学科的学者以及决策者和公众集成在研究过程中，以创造新知识和新理论来实现共同的研究目标。

脆弱性（vulnerability）：对风险和压力的暴露性，以及克服这些外来影响的难度。

I2 未来地球：全球可持续性研究框架文件[①]

1. 一个紧迫的挑战

人类正面临着前所未有的全球风险。地球系统的社会和环境组分

① 林征、丹利、张仁健译；贾根锁、李明星、陈亮、王宝校。本文件由未来地球计划过渡小组于2012年2月发布。

之间正在发生更为迅速和复杂的相互作用，表现为重大气候变化、生物多样性减少、污染负荷和其他关键因素的显著变化。

有证据表明，地球以及地球上的生物已进入了一个新的地质时代——人类世，即人类对地球系统影响的规模构成行星尺度上变化的主要驱动力。人类对我们生存的行星的影响可能大到不可逆转的程度，可能发生的地球系统的突变会对经济发展和人类福祉产生严重的影响（Crutzen，2002；Rockström et al.，2009；Steffen et al.，2007）。

但是科学研究只能部分地了解这些风险，如它们将如何影响不同的区域，以及人们如何有效应对这些风险。在这个日益互联的世界，人、货物还有想法都能够跨越遥远的距离，不可能再像过去一样在社区或国家尺度上解决诸如贫困或水获取问题，而不考虑全球环境变化对经济、社会和环境可持续性的影响。政府、企业和公民越来越多地认识到，尽管全球环境变化为繁荣和安全带来了风险，但它也为创新和安全的生计提供了机遇。应对从家庭到国际层面的全球环境变化的决策正在被制定，研究人员需要与政策制定者和公民一道去完成。

要实现一个可持续的全球社会，要求人们不仅要理解地球系统功能如何判定的过程、进展功能的生活方式和模式如何驱动，而且要知道怎样去管理和掌控自身的行为，从而达到和保持全球可持续性。人们需要实现一个超越逐步增量变化的全球性转变，并解决世界70亿人口中40亿生活在贫困中的主要的公平性挑战。到2050年，许多人渴望更长寿并增加他们的消费，有可能再增加20亿人口，而在一些不可能避免的全球环境变化已经发生的情况下，社会面临的主要挑战是适应和转变。

人类并没有得出答案来回答在这个新的人类世中如何维护繁荣和发展。最新地球系统的研究表明，全球可持续性是在这个新纪元中实现人类福祉的先决条件。当下，需要一种与社会协同产出以及社会和自然科学无缝集成的新型研究，以支持全球粮食和水安全、减灾、能源公平和安全、扶贫以及健康问题，实现向全球可持续性人类发展目标的转变。与此同时，人们仍然面临全球风险和地球系统如何运行的主要知识空白。新的研究需要提上议程，从而在加深我们的知识的同时集成理解和寻求转型的解决方法。这个新的集成研究需要新的人类—环境相互作用概念化方式和全球观测系统的更多支持——以监测和理解世界正在发生的生物物理学过程和社会变化，以及地球系统动力学、全球变化人文因素和世界发展的研究。

一个新的全球可持续性地球系统研究的全球努力是必要的，这将加深对人类面临的全球风险的理解，并有助于探索与用户研究、转型变化、创新、经济发展以及提高人类安全伙伴关系的新机遇。国际研究社团都有责任应对这一挑战。"未来地球计划"倡议，注重对全球可持续性的研究，力求通过新的研究者、科学组织和将会加入协同设计集成研究议程的研究用户联盟来应对这一挑战，以培育新的研究项目，协调研究资助，并为全球社团提供知识解决方案。

2. 未来地球计划的背景

通过国际科学理事会（ICSU）、国际社会科学理事会（ISSC）、联合国机构共同资助的独立研究人员、国家科学日程、国际全球变化研究计划所产生的国际全球环境变化研究已经有很长时间了。这些计划为全球环境是如何变化和为什么变化、应对这些变化的成功和失败的经验以及为什么全球可持续性研究的关键转变是迫切需求等问题提供了大量的证据。

ICSU 及其合作伙伴对全球环境变化研究计划的最新评估结果，认同迄今为止所取得的主要科学成就，也认为应对全球可持续性地球系统研究未来挑战需要一项新的重大的和综合性的倡议，与 ISSC 和 ICSU 一起来承担这个地球系统愿景规划。经过广泛的协商过程，已确定了这一倡议的 5 个优先事项：

（1）预测：提高对未来环境状况及其对人类产生的后果的预报的

可用性。

（2）观测：开发、加强和整合管理全球和区域环境变化所需的观测系统。

（3）规划：确定如何预见、避免和管理破坏性的全球环境变化。

（4）应对：确定什么样的体制、经济和行为变化是迈向全球可持续性的有效步骤。

（5）创新：鼓励技术、政策和社会响应的创新以及完善的评估机制，以实现全球可持续性。

与此同时，全世界的主要研究资助机构联盟——贝尔蒙特论坛——确定了国际科学界开发和传递知识来支持国家和国际政府行动以减缓和适应全球和区域环境变化的挑战。贝尔蒙特论坛为避免和适应不利的环境变化行动提供研究所需的知识，包括极端危险事件。贝尔蒙特论坛确定的几项关键活动包括：①通过区域和年代际尺度分析和预测风险、影响以及脆弱性评估；②通过先进的观测系统分析环境状况信息；③自然和社会科学的交互；④增强供应商对用户的环境信息服务能力；⑤有效的国际协调机制，最初聚焦海岸脆弱性、淡水安全、生态系统服务、碳排放预算和最敏感的社会。他们确定了参与的利益相关者为高优先级。

研究界和资助者之间想法的融合为新的倡议提供了发展的机会，这个新的全球综合倡议需要探求目前人类面临的全球可持续性挑战。ICSU-ISSC 愿景规划和贝尔蒙特论坛进程都认识到综合研究、跨学科（自然和社会科学）以及科学、政策和实践的联系的新的重大投资是必需的。他们也认识到能力发展的巨大需求——特别是在发展中国家以及参与的利益相关者和对社会交流的新见解。两年愿景规划和贝尔蒙特论坛进程产生了一个重大转变和研究工作扩展路线图，通过紧迫性动机回答对于人类和那些决定的人类世世界发展的关键问题。该路线图要求在协调和领导力方面的转变，为响应社会需求研究提供全球协调能力，以及提高弥补政策和实践研究的能力。

联盟达成协同设计一个新的10年计划的倡议，认识到有必要对学科和知识体系作出更深层次的整合（自然、社会、经济、卫生、工程、人文），以及对为科学提供成果的能力作出重大改进，以应对社会需求。

专栏1 "未来地球计划"联盟

未来地球计划汇聚了一个在环境、科学和可持续性的国际研究合作中具有长远利益和专门知识的合作者联盟。国际科学理事会（ICSU）包括纪律联盟和国家成员，通过一些计划来关注全球环境变化，如，世界气候研究计划（WCRP）、国际地圈—生物圈计划（IGBP）、全球环境变化人文因素计划（IHDP）和国际生物多样性计划（DIVERSITAS），并致力于关注气候、海洋和陆地观测系统、减少灾害风险、生态系统和海洋。全球环境计划还共同创建了地球系统科学联盟（ESSP），以及一系列联合和具体项目。

国际社会科学理事会（ISSC）和代表社会、经济以及行为科学的主要国际机构的参与也代表了自然和社会科学的联盟，所包括学科和专业，如法学、经济学、人口学、社会学、地理学、心理学、政治学和人类学。

该联盟因联合国环境规划署（UNEP）、联合国教育、科学及文化组织（UNESCO）和联合国大学（UNU）的参与而得到进一步加强，这些组织带来了气候、生态系统、有害废物、政府、局部知识、水资源、生态和海洋的研究和监测计划。世界气象组织（WMO），凭借其在气候、地球观测和天气方面的资源和专业知识，拥有联盟的观察员身份。

该联盟包括的贝尔蒙特论坛、国际全球变化研究资助机构（IGFA）基金理事会，对增强全球环境变化研究资助的合作与协调是非常重要的。

该联盟必将成为国际研究社团、资助者、运行服务提供商以及全球环境变化科学的一个突破性战略合作伙伴。它为建立和支持一个协调和前沿的研究议程、通过科学家、资助者以及用户对环境知识进行协同设计，提供了令人兴奋的机遇。其目标旨在建立一个应对共同优先领域的联合战略，即创建和使用社会所需的适应和减缓全球环境变化危害的知识。该联盟将以近几十年形成的能力作为支撑点，实现真正地不能由一个单一国家完成的跨学科目标。

该联盟由研究人员、全球变化研究的资助者和服务提供商组成，包括国际科学理事会（ICSU）、国际社会科学理事会（ISSC）、贝尔蒙特论坛、联合国教育、科学及文化组织（UNESCO）、联合国环境规划署（UNEP）、联合国大学（UNU）。联盟在2011年成立的过渡小组负责新倡议的规划工作，并将在2012年3月举行的“压力下的行星”会议上被提出，由科学、技术和创新论坛联合在2012年6月“里约+20”峰会上共同发起，并在2013年正式开始运行。2011年12月，过渡小组和联盟将“未来地球—可持续性研究”作为新倡议的名称，简写名称为“未来地球”。

3. 未来地球的目标和宗旨

当今世界，迫切需要开展科学研究来为全球可持续性的快速转变提供证据，这也有助于为成功的转变提供机会。未来地球计划的总体战略目标是开发有效应对风险和全球环境变化机遇的知识，并支持面向全球可持续性的转型。其目的是为全球和区域尺度提供社会需要的有效地解决全球变化的知识，同时满足经济和社会目标。

这意味着，未来地球计划将通过地球系统研究方面的一个主要的全球国际科学合作10年倡议来实现这一总体目标，具体的目标包括：

与利益相关者一道协调和聚焦国际研究，解决由 ICSU-ISSC 愿景规划和贝尔蒙特论坛进程提出的大挑战，以有效利用人力和财力资源；

建立并延续成功的国际合作项目，解决关键的全球环境变化问题，这需要地球系统研究广泛的国际合作；

培养来自不同领域的新一代研究人员，包括社会、经济、自然、卫生、人文和工程科学领域，并增进其与利益相关者的互动，以确保将来的使用和研究工作的成功；

策略性地协调各种利益相关者，以寻求日益严重的全球环境变化和可持续发展问题的解决方案；

不仅在科学努力上，而且要在科学—政策—实践的对接上，以及在支持发展和人类的潜力、服务提供、通信和能力发展研究上，促进重大转变；

为科学的倡议和全球可持续性的支持研究提供一个加强的全球平台和区域节点，增强综合、评估和观测的协同合作能力。

4. 制度的设计基础

未来地球计划战略，依据国际科学理事会（ICSU）—国际社会科学理事会（ISSC）的愿景规划和贝尔蒙特论坛挑战提出，假设该倡议是通过所有科学家和利益相关者建议一个总体结构，并遵循一个全面的概念研究框架和一系列激发科学积极性和社会参与的研究问题，从而最终产生，那么，未来地球计划将是：通过统一的顶层体制框架，制订一个加强的全球协调方案，为世界各地研究人员之间的多层面倡议和自组织科学努力提供最大支持。未来地球将包括地球系统研究领域内的学科、学科间和跨学科的研究。这将建立一个联合战略：①支持现有和新学科的研究；②启动和支持大型的综合全球变化研究。

为地球系统研究之下 ICSU 及其合作伙伴的国际协调提供一个新的架构。例如，包括当前所有的全球环境变化研究计划（WCRP，IGBP，

IHDP, DIVERSITAS and the joint ESSP)[①]，并将为灾害风险综合研究计划（IRDR）和生态系统变化与社会计划（PECS）等开放。这很可能是几个现有的全球环境变化计划的综合。

以现有的由国际科学理事会（ICSU）发起的全球环境变化计划研究项目为基础，提供一个更为广泛的战略研究合作和用户参与研究的全球平台，以吸引来自世界各地的科学家，从而支持来自研究团体和机构的倡议。未来地球计划将与其他共同发起方和合作伙伴建立密切的伙伴关系（如联合国环境规划署的 ProVia 倡议[②]），以确保互补性和协同效应。

在研究计划发展初期要给予从事研究的用户特别的关注。例如，包括利益相关者咨询委员会，并寻求增强研究界的理解和与企业、政府、非营利组织以及社区之间的实践，以确定研究的优先领域，并寻求全球环境挑战的解决方案。

通过战略性地为可持续性提供指导，不仅需要融入新加入组织的愿景和使命，而且还需要体现在规划、运行、项目开发、资金、会议、研究以及其他活动等阶段。通过可持续性嵌入各个阶段的最佳实践，未来地球计划才可以更为可信地帮助开发新的模式、标准和政策。

资助需要一个转型性的增长，既有灵活的机构性资助又有竞争性的研究资助，为采取战略性的全球研究倡议提供帮助。

5. 过渡小组活动

过渡小组成立于2011年6月，成员来自世界各地的科学界、主要研究组织和资助者以及私营部门，还包括曾在学术界、政府、国际机

① 四大全球环境变化计划（DIVERSITAS、IGBP、IHDP 和 WCRP），由国际科学理事会提供或共同提供资助，负责国际全球环境变化研究的规划和运行协调工作。2001 年，他们创立了地球科学系统联盟（ESSP），制定了共同的活动。

② 气候变化的脆弱性、影响和适应的研究计划。

构和非政府组织供职和具有多种学科背景的人员。许多成员都与现有的全球环境变化计划密切联系，但小组的每位成员都被要求作为一个独立专家，而不是代表任何特定的计划或项目。该小组的观察员包括来自现有的国际科学理事会（ICSU）全球环境变化计划的代表。过渡小组成员组成 3 个工作组：①研究战略；②制度设计；③教育/沟通/与利益相关者互动。该小组的工作人员由国际科学理事会-贝尔蒙特论坛秘书处共同组成，并且由一个执行小组负责整个进程，包括过渡小组的联合主席、联盟的成员以及每个工作组的一名或两名代表。执行小组会议包括每月的电话会议和已安排于 2011 年 6 月和 12 月、2012 年 3 月和 11 月的会议。

专栏 2　过渡团队的职责

借助 ICSU 愿景规划进程成果、贝尔蒙特论坛白皮书和联盟其他主要合作伙伴的战略，为倡议制定一个研究战略，列出关键研究挑战、所需的主题优先事项和能力、预期成果、影响、成功的措施，以及如何评估进展。

确定伙伴关系的差距，然后拓展潜在的合作伙伴，以鼓励他们加入这一倡议，并确保来自于政府、企业和民间社团的高级别承诺。

寻找利用现有能力和投资的方法，包括更大更有效的集成全球环境变化计划。

确定侧重于开放、灵活的资助机制和交付模式，包括使科学界更快地向前推进的流程和机制，并提供更有效的研究、网络设计和开发，包括网络可能的区域“节点”，并检查知识管理系统的选项，这将使成本效益的互动和信息交流跨越网络，并超越广泛的研究用户和供应商的利益相关者群体。

为方便该倡议起初三年的研究和实施计划的设计，用一小部分优先领域/方向列出初期阶段优先领域和具体行动计划包作为第一步和交流策略。

为倡议治理提出建议。

过渡小组通过参考条款（专栏 2）中的准则概述来指导工作，小组和联盟合作伙伴经过讨论已被细化。这些条款包括：

（1）重点关注需要良好的国际合作的研究；

（2）以一个统一的研究框架作为目标；

（3）延续有成效的和受推崇的现有国际合作的全球变化项目，包括新倡议在内的项目，以获得新的财政资源、制度支持及政策联系来实现这一目标；

（4）研究如何能够提供全球环境风险的早期预警，确定应对策略，并能够找到促进经济增长和改善民生的新机遇；

（5）研究旨在在从经济学到行为变化及治理的各个层面提出解决方案和过渡途径；

（6）建立研究、组织、政策和实践之间的合作关系，提供对决策者有用的、响应优先发展领域的以及公众容易接受的知识；

（7）由代表联盟的合作伙伴协同设计研究，汇集自然、社会、人文以及应用/专业/工程科学的综合磋商和投入；

（8）这是一个开放灵活的流程，使合作伙伴尽可能地广泛参与，为研究提供了一个研究协调平台和国际层面的资助，从而排除了独立合作伙伴的决策自主权和管理的利益冲突可能带来的风险；

（9）注重加强区域节点、地理与性别平衡、能力建设与合作。

集成平台的概念框架如下：

过渡小组的重要任务之一是为集成平台开发概念框架，使主要研究传统与重大政策和人类发展关切接轨，并且可用来确定未来地球计划的优先研究问题。

过渡小组在 2011 年 12 月的会议上提出了一个概念性的框架，部分源于 ICSU 愿景规划和贝尔蒙特挑战，也有部分源于 ICSU 和其他联盟合作伙伴的重点项目，还有一部分来源于人类发展的主要目标和关切。在该框架下，开发出了3个嵌套模型（附图 I-2），这3个模型都以全球环境变化和社会、政治、经济转型需求为中心，并实现一个可持续的未来。

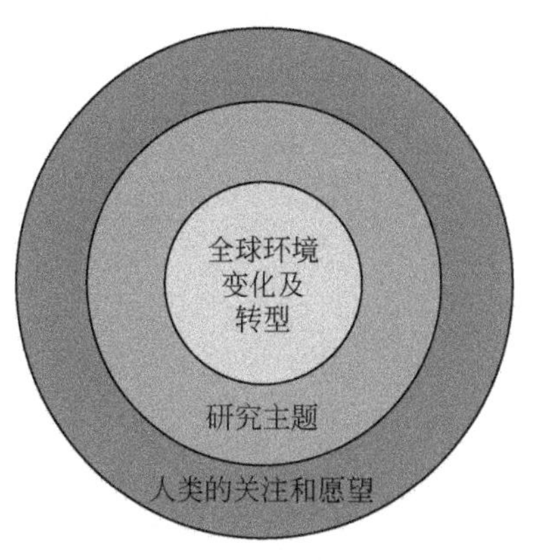

附图 I-2 嵌套的概念框架

第一个模型提供了一个简单的关于全球环境变化、驱动力、作用力及其对人类福祉影响的概念模型（附图 I-3）。第二个模型提供了一个关于全球环境变化研究团体的核心知识关切的概图（附图 I-4）。第三个模型包含最重要的人类发展关切，这些问题是人与社会所关心的问题，易受全球环境变化的影响，其响应研究可能为问题决策提供资料（附图 I-5）。

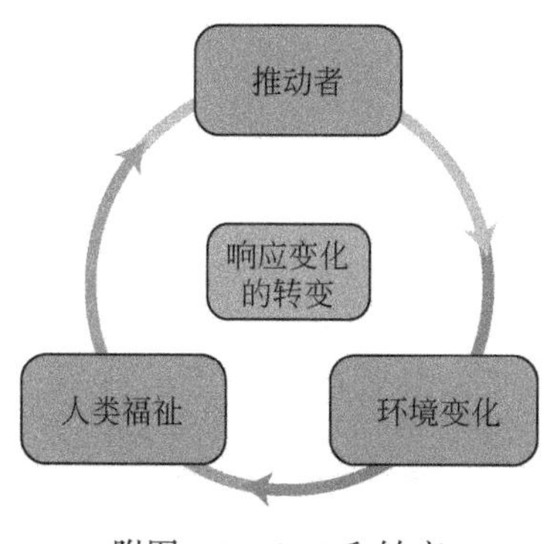

附图 I-3 GEC 和转变

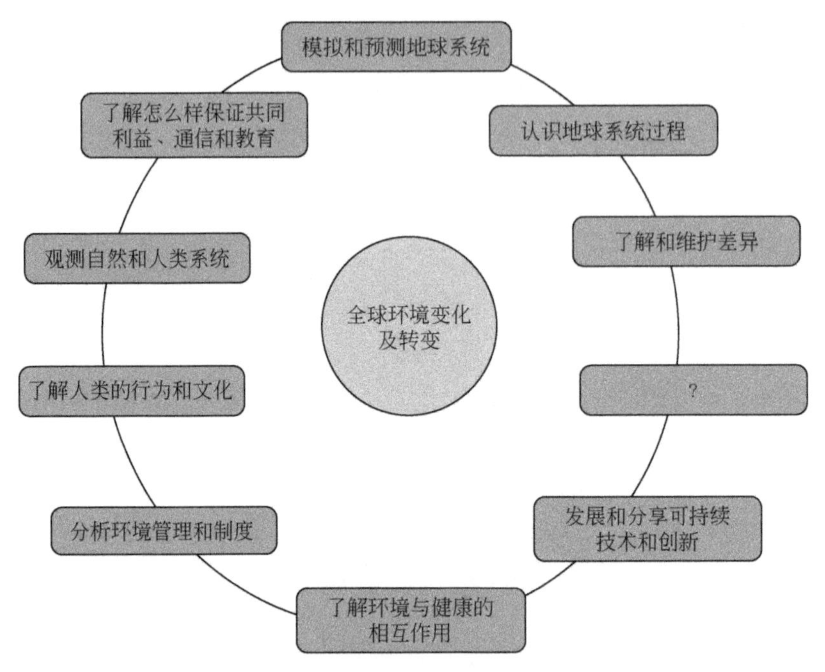

附图 I-4　全球环境变化研究的研究主题

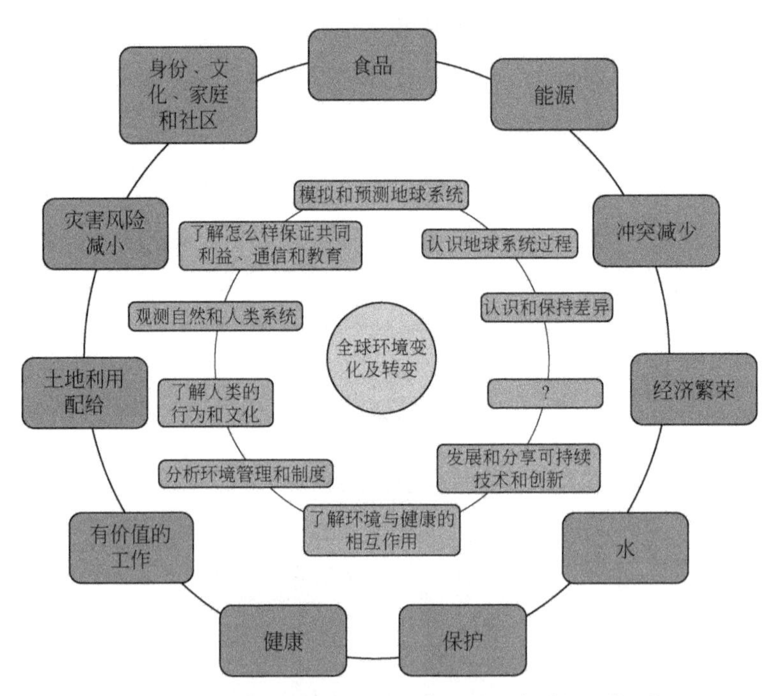

附图 I-5　与全球环境变化相互作用的人类关切及其愿望

该全球环境变化过程的简单概念模型始于一系列驱动力，包括自然强迫的因素，如太阳、火山爆发，和社会经济强迫的因素，如经济、人口、技术、文化和政治的变化。这些潜在力量体现在更直接的活动上，如改变土地利用、资源管理、能源利用，这些变化驱动地球系统的环境变化。全球环境关注的问题包括相互关联的气候、水、生物多样性、空气质量、海洋、土壤质量的变化。反过来，这些变化通过接近人类的需求，如食物、水和能源以及生活、卫生、价值观、财富、安全、社会赋权的综合条件等影响人类。在人类应对全球环境变化对人类福祉所带来的风险和机遇时，他们就会作出改变地球和人类-环境系统驱动力的决定。

过渡小组关于全球环境变化研究知识架构（附图I-4）旨在围绕许多现有计划的主要活动，并包括一系列广泛而综合的社会科学和工程学研究主题。问号表示在向未来地球计划研究议程过渡的阶段中，人们不希望这是一张最后结果图。

参考文献

Forum B. 2011. The Belmont Challenge: A Global, Environmental Research Mission for Sustainability, white paper.

Crutzen P J. 2002. Geology of mankind: the anthropocene. Nature, 415, 23 .

ICSU. 2010. Earth System Science for Global Sustainability: the Grand Challenges.

Reid W V, et al. 2010. Earth system science for global sustainability: grand challenges. Science, 330, 916.

Rockström J, et al. 2009. A safe operating space for humanity. Nature, 461, 472.

Steffen W, et al. 2007. The anthropocene: are humans now overwhelming the great forces of Nature? Ambio, 36, 614.

I3 ISSC发起“转向可持续发展”计划[①]

2014年3月31日，国际社会科学理事会（ISSC）发起了一项新

① 王宝译；王立伟校。本文件由国际社会科学理事会于2014年3月发布。

的全球研究资助计划："转向可持续发展"。该计划将促进社会变革对基础和创新过程研究的需求，以确保有效、公平和持久地解决一些全球变化和可持续发展的最迫切的问题——包括气候变化、生物多样性丧失、水和粮食安全、能源消费以及贫困和不平等等问题。同时该计划旨在为未来地球计划作出重大贡献。

1. 计划目标

全球变化和可持续性研究与深度社会变化的诉求关系越来越密切。社会变化是一个多维度的、涉及多方的、以不同的速率和规模发生的、可能是故意的或者超出预期的、复杂的社会转变过程。"转向可持续发展"计划所资助的研究领域为转型知识网络，支持关于社会转型的研究，涉及在特定的社会-生态环境中发生的全球变化和可持续性重要问题。

"转向可持续发展"计划的目标在于促进面对全球变化和可持续性时对变革性社会变化的科学认识，具体包括：①提高社会科学的贡献度，帮助制定关于全球变化和可持续性问题的更加有效、持久和公平合理的解决方案；②提高政策制定者、从业者、私营部门、公民和活动家使用这些知识的利用率。

除了达到这些目标外，该计划还需要达到：①发起更广泛的社会科学家群体参与全球可持续性的解决方案导向型研究，并为此充分利用社会变化与转型的社会科学知识；②帮助这些科学家充分融入重要的国际行动中，如"未来地球"，将社会转型知识融入其他"未来地球"和贝尔蒙特论坛支持项目；③开发和测试新的方法，用于可持续性研究解决方案导向型知识的合作设计和合作研究；④为构建创新性的知识扩散多重利益相关者网络和转型变革过程中长期合作的相互学习提供基础。

2. 计划的范围与安排

该项目将支持来自社会学、行为学以及经济学的研究人员在发展中的国际转型知识网络中发挥带头作用，主要包括：①专注于具体应用背景下的社会转型需要和机遇；②联合不同学科和科学领域，以及世界不同地区的研究人员；③建立国际研究合作能力，并支持社会学家职业生涯早期规划。

该计划分两批进行：第一批为种子基金，于 2014 年 3 月 31 日启动，共资助约 30 个 3 万欧元的项目；第二批于 2014 年 10 月启动，接受关于转型知识网络的完整申请，以每年 30 万欧元（共 3 年）的额度资助 3 个项目。

3. 种子基金资助内容

种子基金用于社会科学家构建必需的合作关系，与其他学科和领域以及其他国家的同行们构建合作网络，找到社会中的利益相关者并与其建立联系，将他们作为知识伙伴协同设计提案以发展变革性知识网络。

当前种子基金已开始接受申请，于 2014 年 5 月 31 日截止。支持的活动和费用包括：①经济舱旅行与住宿，用于与提案工作有关的交流访问；②研习会；③不超过总预算 15% 的管理费用。

另外种子基金获得者还将在 2014 年 9 月参与一个在德国波茨坦举办的转型知识研习会，目的是为了调查和讨论关于社会转型的社会科学思想，鼓励思想交流和基金获得者之间建立合作关系，帮助激发相关知识，为正式的转型知识网络提案作准备。

14 迈向全球可持续性地球系统研究的十年倡议[①]

世界的未来由自然和人类环境变化相结合的、紧密联系的驱动力所决定，包括极端自然灾害、自然资源的质量和安全水平降低、技术创新的驱动，以及消除贫困的需要。人类所面临的挑战是在增强繁荣的同时，为不断增长的人口持续提供水、粮食和能源，并在一个资源有限且环境面临挑战的世界确保自然生态系统的健康。

近几十年来，围绕人类如何改变世界环境，以及这些变化如何影响人类与社会福祉，全世界研究界已经发展了有价值的理解和预测。对21世纪而言，基于结合自然与社会科学的重大进展，社会迫切需要针对这些挑战的创新的解决方案。依靠和集成世界所有地区认识过去和现在的许多方法见解的针对性知识和预测，对告知社会其公民和经济对全球变化的脆弱性是必不可少的。这种集成知识将使决策者能够发展基于科学的战略，以管理风险、保护生命和财产、评估不同社会-经济管理措施之间的权衡（权衡不同社会-经济管理措施之间的利弊），使向可持续的经济和文化转型成为可能。

人类所面临的挑战的规模和紧迫性，需要前所未有地动用围绕全球可持续性的跨学科研究的共同的、连贯战略的国际资源，需要协调和合作的逐步变化：

聚焦自然、社会、健康科学、人文、经济和工程研究团体的共同努力；

在全球平台上运作；

与使用者、创新和变化的关键驱动力，包括政策和商业团体，努力共同确定优先领域、协同设计研究战略、共同发展新知。

---

① 贝尔蒙特论坛、国际科学理事会（ICSU）和国际社会科学理事会（ISSC）意向的联合声明，于2011年5月发布，由曾静静译，曲建升、郑子彦校。

最近，国际研究界、资助者和运营服务提供者团体独立明确了这种逐步变化的必要性，并开始组织响应它的活动。

认识到 ICSU、ISSC 和贝尔蒙特论坛愿景之间相似之处，ICSU、ISSC 和贝尔蒙特论坛同意联合建立一个关键的利益相关者和研究伙伴的新“联盟”，以动用必要的知识、财政资源和基础设施，实现这一变化。

联盟是一个有关全球环境变化科学的国际研究界、资助者、运营服务提供者和使用者的里程碑式的战略伙伴关系。其目标是建立一个共同愿景，并就创造和使用社会适应与减缓危险的全球环境变化所需知识的共同的优先领域一起工作。联盟旨在通过全球可持续性地球系统研究的十年倡议来应对这些挑战。该计划将在未来 18 个月由联盟“过渡小组”设计，并在 2012 年“压力下的行星”会议和“里约+20”峰会上启动。

I5 过渡小组第一次会议纪要：地球系统可持续性倡议[①]

新任命的地球系统可持续性倡议过渡小组于 2011 年 6 月 22 ~ 23 日在法国召开了第一次会议。此次会议的目标是为地球系统可持续性倡议设计一个为期 18 个月的过渡阶段，该倡议由国际科学理事会（ICSU）、贝尔蒙特论坛[②]和国际社会科学理事会（ISSC）发起的联盟共同创立。

---

① 曾静静译，曲建升、郑子彦校。此为临时性工作使用名。本文件由未来地球计划过渡小组于 2011 年 6 月发布。

② 贝尔蒙特论坛是全球环境变化研究国际主要资助机构的高等级组织，相关信息参阅：www. belmontforum. org。

1. 联盟和倡议

根据“联盟”提出的“协同设计”全球环境变化研究全球战略举措的全新概念，该“联盟”被设定为一个有关国际研究界、资助者、运营服务提供者和使用者的里程碑式的战略伙伴关系。联盟目前已发展到包括对科学与可持续性有极大兴趣的联合国机构，如联合国环境规划署（UNEP）和联合国教育、科学及文化组织（UNESCO），以及联合国大学（UNU）都出席了会议。作为行业领袖的研究和运营服务提供者，世界气象组织（WMO）也作为观察员出席了会议。

过渡小组由 Diana Liverman 和 Johan Rockström 共同担任主席，将代表联盟开展工作，以领导这个十年倡议的设计阶段和早期实施的工作，并对其长期的管理结构提出建议。过渡小组由具有广泛的区域视野的国际知名科学家、商业部门代表、科学-政策界面组织代表，以及联盟的所有合作伙伴的成员组成[①]。

贝尔蒙特论坛挑战与 ICSU-ISSC 地球系统愿景过程之间的融合，有助于确定地球系统研究的需求和优先领域，地球系统可持续性倡议旨在：

在全球和区域尺度传递社会有效应对全球变化并同时实现经济和社会目标所需的知识；

协调和聚焦国际科学研究，以解决来自 ICSU 愿景和贝尔蒙特论坛的大挑战；

吸收社会、经济、自然、健康和工程学的新一代研究人员参与全球可持续性研究。

完成这些宏伟目标和紧张而有效的设计阶段工作对地球系统可持续性倡议至关重要。过渡小组第一次会议深入讨论了将从设计阶段的

① 过渡小组的所有成员信息可参阅：http://www.icsu.org/what-we-do/projects-activities/earth-system-sustainability-initiative/transition-team。

开始就计划解决的任务，以便使成员意见一致，并提出向前推进的下一步计划。

2. 过渡小组的优先任务

制定研究战略：研究工作将是地球系统可持续性倡议的核心。通过提出全球环境变化与社会之间的明确联系，过渡小组将确定一组令人关注的研究问题，进而解决主要社会挑战并吸引不同使用者参与地球系统可持续性倡议。整体研究战略将通过整合贝尔蒙特论坛与地球系统愿景的大挑战来进行设计；将全球环境变化与基本的人类问题（如与食物、水安全、健康等相关的问题）更明确地联系起来；更有效地整合来自社会科学和人文议程的因素；强调地球系统方法。

识别合作伙伴关系缺口：尽管资助者、使用者和研究者都是协同设计地球系统可持续性倡议的合作伙伴，但这一群体需要进一步促进世界银行、民间社团、发展机构、私人基金会和媒体的参与。这种参与应该发生在不同的层面，即作为过渡小组成员、更广泛的磋商，以及作为广泛的宣传活动的一部分。

寻求基于现有能力的方法：这一新的地球系统可持续性倡议将借鉴和基于现有的结构、资助和横跨全球环境变化宽广景观的方法。现有全球环境变化计划关键成员的参与将是至关重要的，并将通过许多活动，与计划、项目和合作伙伴领导人进行密切对话，以确保与地球系统可持续性倡议的最佳协同，并有序过渡到新的框架。

识别资助/传递模式：地球系统可持续性倡议需要支持跨国家和跨学科工作机制的高效组合，这将是前所未有的，而且是创新的方法。依靠现有的机遇，并构建大规模、多样化的方法将是务实工作的开始。

3. 过渡工作的设计：下一步计划

为了推进设计阶段的工作，过渡小组设立了三个工作团队：

研究、数据和知识系统团队；

制度设计团队；

交流、教育及与利益相关者互动团队。

会议期间，与会者分别加入各工作团队，并开始明确各自的工作计划。工作团队的人员组成，以及外部专家和共同主席都将很快确定。工作团队将迅速启动运行工作，并向由过渡小组的一小部分成员组成的执行团队[①]提交报告。执行团队每月将通过电话会议碰面，以监督各工作团队的整体进展，且还将通过与更大规模的团队进行报告的回复，和进一步反馈的接收等互动工作，确保设计阶段的成果产出。

预计整个过渡小组将于2011年12月9～10日在旧金山举行第二次会议。之后，“压力下的行星”会议（2012年3月）将提供一个展示地球系统可持续性倡议研究战略草案的平台，预计一个与贝尔蒙特挑战优先领域合作的新国际资助组织也将由贝尔蒙特论坛启动。

地球系统可持续性倡议将在联合国可持续发展大会“里约+20”峰会（2012年6月）上呈现给世界各地的广大政策制定者和决策者。与会者同意在会上提出科学与社会之间的新契约的概念[②]。作为“里约+20”峰会进程中科学与技术主要团体的两个协调员之一，ICSU和其他感兴趣的联盟合作伙伴将在契约的范围内，共同探索如何实现政府资助的进一步承诺，以及全球可持续性研究的延续。为了加强科学与社会之间的合作，将需要建立新的伙伴关系：一方面，关注建设绿色经济，促进可持续发展的政策制定者和利益相关者的合作；另一方面则是研究团体的参与，他们拥有建立这一伙伴关系所需的知识。

---

① 执行团队的所有成员信息可参阅：http：//www. icsu. org/what-we-do/projects-activities/earth- system-sustainability- initiative/transition-team。

② 如需历史文献参考，可参阅 Jane Lubchenco 有关社会与科学契约的建议：Entering the century of the environment：a new social contract for science. Science，1998，279（5350）：491-497。

16　过渡小组第二次会议纪要：未来地球计划[①]

地球系统可持续性倡议[②]过渡小组[③]于2011年12月9～10日在旧金山举行第二次会议，以推进倡议设计，预计将在2012年年底、为期18个月的过渡阶段结束之后完成。由合作伙伴的广泛联盟建立的地球系统可持续性倡议将动用前所未有的方法努力协调和聚焦研究，以发展有效应对全球环境变化风险与机遇的知识。由国际科学理事会（ICSU）、国际社会科学理事会（ISSC）和贝尔蒙特论坛资助机构创建的联盟现在已经扩大到包括联合国教育、科学及文化组织（UNESCO）、联合国环境规划署（UNEP）和联合国大学（UNU）；世界气象组织（WMO）为观察员。

会议通过特邀专家[④]参与设计，主要讨论了地球系统可持续性倡议[⑤]的总体框架、研究战略、制度设计和交流战略，并且还涉及数据与教育。制度设计讨论由过渡小组部分成员和更广泛的全球环境变化研究人员[⑥]参加的为期一天的头脑风暴会议所支撑。

本纪要总结了过渡小组第二次会议的主要成果。

1. 未来地球计划已经诞生

得到联盟的认可，过渡小组同意地球系统可持续性倡议将被称为

① 曾静静译，曲建升、陈亮校。本文件由未来地球计划过渡小组于2011年12月发布。

② 地球系统可持续性倡议基于为时两年的地球系统愿景咨询、《大挑战：面向全球可持续性的地球系统科学》，以及贝尔蒙特论坛的工作而提出。

③ 过渡小组的所有成员信息可参阅：http：//www. icsu. org/future-earth/transition-team。

④ Roberta Balstad（数据）and Roberta Johnson（教育）。

⑤ 由过渡小组成员组成的三个工作团队负责推进研究战略、制度设计、教育/与利益相关者的互动/交流等的设计，参见：http：//www. icsu. org/future- earth/transition-team/working-group。

⑥ 12月8日，由Sara Farley和Amanda Rose（全球知识倡议）发起并召开了头脑风暴会议，除了过渡小组成员外，地球系统科学联盟（ESSP）科学委员会的成员也参加了会议。

“未来地球计划——全球可持续性研究”。“未来地球计划”取代“地球系统可持续性倡议”的暂定名称。

2. 面向未来地球计划框架的发展

过渡小组讨论了未来地球计划的概念框架，聚焦全球环境变化研究、充分利用ICSU愿景和贝尔蒙特挑战、联系人类发展议程和决策者关心的问题，如粮食、水、能源。未来地球计划研究将通过理解环境变化，强调以转型为重点，以实现可持续的未来：它的驱动力、这些驱动力的响应及其对人类福祉的影响。在结构上，未来地球计划将通过跨学科方法解决，并依托学科优势代表一个具备一系列集成的宏大主题总体框架。

为了将这些要素呈现给广泛的团体，以“压力下的行星”会议[①]（2012年3月）和与“里约+20”峰会（2012年6月）相关的科学技术论坛[②]为开始，过渡小组决定：

起草一份短期愿景声明，提出引人注目的未来地球计划10年计划；

分享一份框架文件，描述会议所讨论的地球系统可持续性倡议的雄心、目标、范围和总体概念框架，作为过渡的工作文件；

推进具备一系列涉及框架的、首要的、宏大主题问题的研究战略；

推进为未来地球计划的管理确定关键要素和选项的制度设计。

---

① 关注全球可持续性挑战的解决方案的主要国际会议信息参见：http：//www.planetunderpressure2012.net。

② 国际科学理事会和一些国际合作伙伴组成了论坛活动，旨在为科学家、政策制定者、主要团体和其他利益相关者提供跨学科的科学讨论和对话机会。论坛将于“里约+20”峰会之前的2012年6月10~15日举行。请参阅：http：//www.icsu.org/rio20/science-and-technology-forum。

3. 强化设计

过渡小组和联盟强调了加强过渡的重要性：外部分享一个具有明确里程碑的更加清晰的路线图；制定一个全面的交流战略。

4. 资助机会

在这次会议上，以贝尔蒙特论坛为代表，将于2012年发布一些新的资助研究机会，同时表示对促进核心资助有兴趣。这些核心资助将基于开放、竞争的秘书处进程，支持未来地球计划的综合秘书处。即将召开的第五次贝尔蒙特论坛会议（2012年1月）将为贝尔蒙特论坛成员开始有关此事的对话提供一个极佳的机会。

5. 加强全球环境变化计划的参与

为确保与全球环境变化格局的关键参与者的有效合作，联盟同意从现有各全球环境变化计划[①]邀请一名代表作为观察员加入过渡小组。这种在国际研究的协调与规划中总结的经验与专业知识将有助于实现一个联合的、长远的目标，以及未来地球计划设计。全球环境变化计划已经对这一进程作出建设性贡献，如果可以确保一个精心规划的过渡，以承认一个新的共同身份在整个全球环境变化界发展，国际生物多样性计划（DIVERSITAS）、国际地圈—生物圈计划（IGBP）和国际全球环境变化人文因素计划（IHDP）原则上也表示愿意加入一个新的单一组织。在这种情况下，第四个计划——世界气候研究计划（WCRP）将是一个独立的合作伙伴，通过从战略上和智力上支持未来

① 四大全球环境变化计划（DIVERSITAS、IGBP、IHDP和WCRP），由国际科学理事会提供或共同提供资助，负责国际全球环境变化研究的规划和运行协调工作。

地球计划，并动员该计划的专家积极参与地球系统可持续性倡议，促进它的实施。

6. 从联盟获得大力支持和战略指导

联盟的代表在其当然权力中也属于过渡小组，于12月10日第一次举行了正式会议。他们大力鼓励过渡小组利用其势头发展一个创新、灵活的框架，从而利用联盟伙伴及其相关团体的能力和条件。在若干优先领域中，联盟强调加强利益相关者参与的需要；加强全球南方国家（发展中国家）的参与；在未来地球计划内部利用新兴的信息技术潜力开发用户界面平台。联盟将在整个过渡阶段继续为过渡小组提供战略指导和建议。

7. 下一步计划

过渡小组和联盟同意推进这一进程的下一步计划，包括：

邀请各全球环境变化计划的一名代表作为观察员/专家加入过渡小组；

在即将召开的贝尔蒙特论坛第五次会议（2012年1月）上，与贝尔蒙特论坛成员就支持未来地球计划新的综合秘书处进程开展对话；

代表过渡小组向全球环境变化格局的所有项目发送信息，以强调新倡议（2012年1月）所带来的新机遇；

发布建立未来地球计划的路线图（2012年2月）；

在“压力下的行星”会议（2012年3月）上提出未来地球计划的概念框架与愿景声明草案，以吸引更广泛团体的参与；

在联合国可持续发展大会“里约+20”峰会（2012年6月）上提出未来地球计划，作为有关可持续发展重大挑战的国际科学合作与协调研究机制建议的一部分；

定期举行联盟合作伙伴的电话会议直到过渡阶段结束（这些会议将与执行小组[①]会议一起组织）。

过渡小组第三次会议将于2013年3月31日在伦敦举行。有关未来地球计划过渡的最新消息，请参阅网站：http：//www. icsu. org/future-earth/。

① 执行团队是过渡小组会议的组成部分，代表过渡小组定期监督设计，请参阅：http：//www. icsu. org/future-earth/transition-team。